民用建筑防火设计图示综合解析

张庆顺　著

中国建筑工业出版社

图书在版编目（CIP）数据

民用建筑防火设计图示综合解析 / 张庆顺著 . —北京：
中国建筑工业出版社，2018.2
　ISBN 978-7-112-21613-0

　I.①民…　II.①张… 　III.①民用建筑—防火系统—
建筑设计—图解　IV.①TU892-64

　中国版本图书馆CIP数据核字（2017）第301878号

　　本书结合建筑学专业特点，以图解及案例综合分析的方式阐述民用
建筑防火设计的整体框架和主要知识节点，旨在以民用建筑为纲，以建
筑设计为本，以设计实例为鉴，以火灾实例为证，从建筑设计的角度来
诠释建筑防火设计，并按建筑设计程序逐步展开：先从建筑定性、分类
着手，再阐述总体布局、防火分区、安全疏散、耐火构造、木结构建筑
防火设计，以及消防设施和电气、性能化防火设计等内容。本书可作为
建筑学专业学生及职业建筑师建筑设计的参考和借鉴。

责任编辑：徐　冉
责任校对：王　瑞

民用建筑防火设计图示综合解析

张庆顺　著
＊
中国建筑工业出版社出版、发行（北京海淀三里河路9号）
各地新华书店、建筑书店经销
北京京点图文设计有限公司制版
北京市密东印刷有限公司印刷
＊
开本：889×1194毫米　1/20　印张：7⅓　字数：187千字
2018年5月第一版　2018年5月第一次印刷
定价：**49.00**元
ISBN 978-7-112-21613-0
　　　（31210）

在建筑面临的灾害中，火灾是各类灾害中发生最频繁且极具毁灭性的一种灾害。防火安全设计是建筑减灾防灾的核心内容，也是建筑设计的有机组成，它影响到建筑的总体布局、空间划分、流线组织、构造措施、设备系统等方面。

建筑失去了安全的保障，也就失去了其作为人居环境的根本意义。为培养知识全面、设计完善、注重安全的职业建筑师，重庆大学建筑城规学院于20世纪70年代后期在全国建筑院校中率先开展了建筑防火设计教育，其"高层建筑防火新课程"获得国家级奖励。在防火教育中强调以建筑设计为本、以防火规范为据、以工程实践为证、以火灾事件为例，从建筑设计的角度切实解决建筑防火安全的问题，既要突出建筑造型及空间的创意，又要确保防火安全，从而达到建筑艺术与技术的完美结合。作为中国建筑学会建筑防火设计专业委员会主任单位，重庆大学建筑城规学院自1990年来组织了多次全国建筑工程防火实践研讨会，通过学术活动及讲座，与全国知名建筑设计院、建筑院校及消防部门的建筑师、学者及专家一道，在关于建筑防火设计的工程实践、科研和教育等方面，进行了广泛和深入的交流、研讨和总结，并从中获得工程实践和理论研究方面的启发帮助和借鉴。

现行《建筑设计防火规范》GB 50016作为一项综合性的防火技术规范和标准，经过多年来历次的修改和当前的整合修订，已趋于详尽和完善，为预防建筑火灾、防止和减少火灾危害、保护人身和财产安全提供了可靠的保障，也对建筑防火安全的科学研究和工程实践给予了明确有力的指导。

张庆顺博士多年来在建筑防火的教学、科研与工程实践方面做出了优异的成绩，近几年还致力于《建筑设计资料集》（第三版）有关建筑防火方面的撰写，在其基础上又作了进一步的拓展充实和完善。本书是一部可供职业建筑师、建筑学专业学生研读借鉴的翔实好书，书中叙述详尽、涉及建筑防火设计领域完整，有很好的参考价值。

是为之序。

章孝思

2017.09.01

前言（Preface）

城市与建筑的消防安全是我国公共安全科技领域研究的重点内容之一。建筑师要增强安全意识，使建筑在火灾中能够立足于自救，以保证生命、财产、遗产等的安全和重要系统运行的连续性。消防安全永远是零起点，对建筑设计领域而言，建筑防火设计并非是建筑设计的补遗，而是建筑设计的有机组成部分；建筑消防安全的关键在于设计，关系到建筑的总体布局、空间划分、流线组织、结构构造、设备设施等诸多方面，惟有系统的优化整合才能真正保证建筑的消防安全。

建筑师擅长于形象思维，以图示的方式综合解析恰契合于此。针对民用建筑防火设计体系的重点和难点逐一图解，可以让读者建立起防火设计的整体概念，进而将具体的策略应用到中观及微观的设计层面。防火安全是建筑空间的技术支撑，也是空间设计的基本诉求，一个优秀的建筑案例总是将防火设计有机地融入到空间及造型的创意之中。

写书的过程艰辛而又漫长，从最初筹划到最终定稿接近 4 年，本书的主要内容关涉多种防火设计规范，其中《建筑设计防火规范》GB50016-2014 的合并及相关规范的更新带来不小的困难，后期的校对、修改和排版工作也极其繁重。重庆大学建筑城规学院 5421 工作室的多届研究生都付出了大量的时间和精力，应在此对大家的辛勤付出表示由衷的感谢！感谢中国建筑工业出版社徐冉副编审的信任、鼓励和帮助！感谢工作团队马跃峰副教授、魏宏杨教授、章孝思教授的支持！

希望《民用建筑防火设计图示综合解析》能帮助读者建立防火设计的主动意识和整体意识，在设计时能获得有益的参考和借鉴，有效化解建筑设计、防火设计之间的矛盾，将二者有机地结合起来。阅读本书的过程中读者或许会有各种观点或批评，希望大家不吝指正，让我们能够在今后的研究中不断提高，获得更大的进步。

附：本书参与人员说明

参与编书的研究生包括：王凯、温恩义、徐阳、杨得鑫、赵柯、龚旺、杨栋明、张译文、朱航宇、李媛、余治良、韩艺文、陈鹏、廖浩翔、兰显荣、何丘原、卢乔渝、周岸、李源。

统稿及内容修订：魏宏杨、章孝思。

排版及页面编排：徐阳、龚旺。

后期校对：马跃峰。

张庆顺

2017 年仲秋于重庆大学

目录（Contents）

目录（Contents）

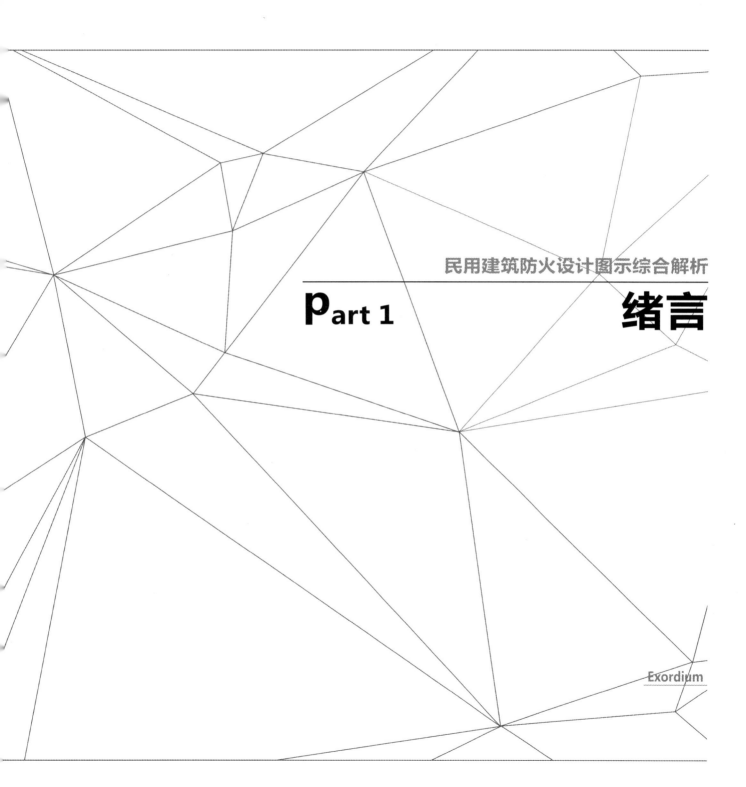

民用建筑防火设计图示综合解析

P_{art} 1 　　绪言

Exordium

1. 绪言

1.1 本书适用范围及民用建筑分类

本书根据《建筑设计防火规范》GB50016-2014、《住宅建筑规范》GB50386-2005、《住宅设计规范》GB50096-2011、《汽车库、修车库、停车场设计防火规范》GB50067-2014、《人民防空工程设计防火规范》GB50098-2009、《建筑内部装修设计防火规范》GB50222-2017等规范，针对民用建筑防火设计的核心内容进行图示说明和图例解析，旨在以民用建筑为纲、以建筑设计为本，从建筑设计的角度来诠释防火设计，并按建筑设计程序逐步深入：从建筑定性、分类出发，阐述总体布局、防火分区、安全疏散、耐火构造、木结构建筑等方面防火设计问题，以及消防设施和电气、性能化防火设计等内容。本书作为民用建筑防火设计的参考性资料，设计时还应以有关现行防火规范为依据。

本书的适用范围　　　　　　　　　　　　　　　　　表 1-1

范围	单层或多层民用建筑（新建、扩建、改建）				高层建筑及其裙房（新建、扩建、改建）	
	住宅建筑	公共建筑	单层公共建筑	地下、半地下建筑	住宅建筑	公共建筑
适用	≤27m 建筑高度≤27m（包括设置商业服务网点的住宅）	≤24m 建筑高度≤24m	>24m 建筑高度>24m	$H/2 \geqslant h > H/3$ 半地下室 $h > H/2$ 地下室	>27m 建筑高度>27m（包括设置商业服务网点的住宅）	>24m 建筑高度>24m
不适用	不适用于厂房、仓库等建筑的防火设计。人民防空工程、石油和天然气工程、石油化工企业、火力发电厂与变电站等的建筑防火设计，当有专门的国家现行标准时，宜符合其规定					

民用建筑的分类　　　　　　　　　　　　　　　　　表 1-2

名称	高层民用建筑		单层、多层民用建筑
	一类	二类	
公共建筑	1）建筑高度>50m 的公共建筑； 2）建筑高度 24m 以上部分任一楼层建筑面积>1000m² 的商店、展览、电信、邮政、财贸金融建筑和其他多种功能组合的建筑； 3）医疗建筑、重要公共建筑； 4）省级及以上的广播电视和防灾指挥调度建筑、网局级和省级电力调度建筑； 5）藏书>100 万册的图书馆、书库	除一类高层公共建筑外的其他高层公共建筑	1）建筑高度>24m 的单层公共建筑； 2）建筑高度≤24m 的其他民用建筑
住宅建筑	建筑高度>54m	27m<建筑高度≤54m	建筑高度≤27m
	备注：包括设置商业服务网点的住宅建筑		

注：①表中未列入的建筑，其类别应根据本表类比确定。
　　②除另有规定外，宿舍、公寓等非住宅类居住建筑的防火要求，应符合规范有关公共建筑的规定。
　　③除规范另有规定外，裙房的防火要求应符合有关高层民用建筑的规定。

1.2 民用建筑层数、高度的计算

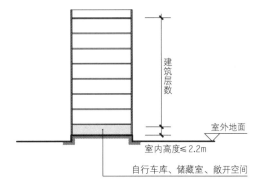

建筑层数应按自然层计算。设置在建筑底部且室内高度≤2.2m的自行车库、储藏室、敞开空间，室内顶板面高出室外设计地面的高度≤1.5m的地下室或半地下室，可不计入建筑层数。

▨ 计入层数

☐ 不计入层数

图 1-1 建筑层数的计算

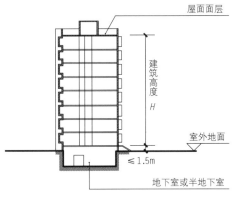

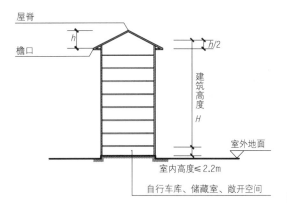

对于住宅建筑，设置在底部且室内高度≤2.2m的自行车库、储藏室、敞开空间，室内外高差及建筑的地下室或半地下室的顶板面高出室外设计地面的高度≤1.5m的部分，可不计入其建筑高度。

图 1-2 住宅建筑高度的计算

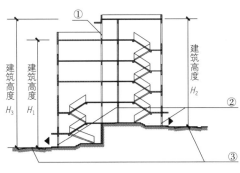

①防火墙（FM甲、FC甲）
②安全出口
③沿建筑两个长边设置贯通式或尽头式消防车道

注：同时具备①、②、③三个条件时，可按 H_1、H_2 分别计算建筑高度；否则应按 H_3 计算建筑高度。

图 1-3 台阶式地坪建筑高度的计算

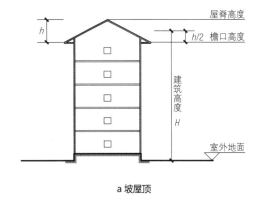

a 坡屋顶

b 平屋顶

图 1-4 公共建筑高度的计算

1.3 坡地民用建筑高度及其类别的认定

坡地环境中不同接地标高的建筑，有着不同的"室外地面"认定方式。坡地民用建筑高度及类别的认定，其基本思路是通过划分垂直防火分区、各自设置安全疏散及扑救场地等方式，将坡地建筑划分为上层和吊层，当满足相应的技术要求和条件时，建筑高度则可上、下段分别计算并由此定性，其防火设计相应进行。

坡地民用建筑划分为上层及吊层需满足的条件   表1-3

满足条件	具体要求
外部扑救	平顶层应能通过消防车进行扑救，当吊层为非高层时，底层应有人行通道；若吊层为高层时，低侧道路应能通行消防车，保证扑救
楼梯转移	1、2类时楼梯可上、下共用，但应在平顶层两跑楼梯之间设耐火隔墙使上、下断开，且人流在此层转移，能直通室外；3、4、5类时公共建筑与上部住宅楼梯应各自独立设置，直通室外，且在平顶层的楼梯设墙隔开地上、地下；第6类时上、下公共建筑及住宅三者的楼梯均应各自独立设置
电梯保护	1、2类的客梯可上、下共用，但若无前室保护时，吊层中应设前室防烟气蔓延；其他类（第6类除外）公共建筑和住宅的客梯应分设，消防电梯可上、下共用；第6类的上层与吊层应分别设置消防电梯
耐火分隔	1）"分界"处楼板上不能开设中庭、自动扶梯等贯通上下部分的洞口，楼板应耐火2.00h以上； 2）"分界"处上、下窗间实体裙墙的高度应≥1.2m，耐火极限≥2.00h，或于"分界"下面一层窗上口，设置宽度≥1.0m，耐火极限≥1.50h的防火挑檐

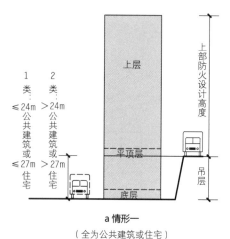

a 情形一
（全为公共建筑或住宅）

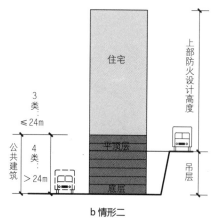

b 情形二
（平顶层以下及以上二层为公共建筑，其上为住宅）

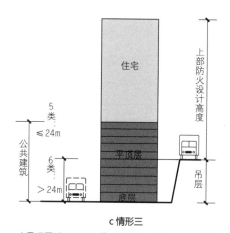

c 情形三
（平顶层以下及以上若干层为公共建筑，其上为住宅）

图1-5 坡地高层民用建筑的分类及其定性

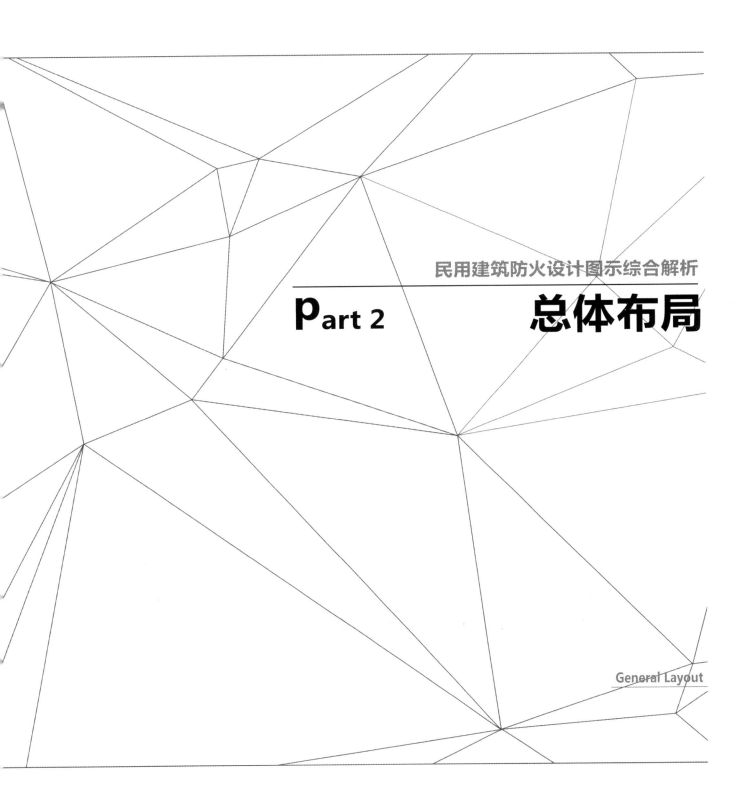

民用建筑防火设计图示综合解析

Part 2 总体布局

General Layout

2.总体布局

2.1 城市消防规划

2.1.1 城市消防规划的目标及内容

城市消防规划是从城市的角度出发，在深入调查城市人口分布、建筑耐火能力、交通设施、通信网络及广场、绿化布局等基本情况之后，掌握各地区火灾危害性大小，推算出各市区、街区火势蔓延速度和可能受灾的程度，在此基础上，着重研究一旦发生各种灾害，如何尽量减少起火的可能和阻止成片燃烧；同时，还要充分考虑受灾人员的紧急疏散、暂时避难和消防队灭火、救生等问题。

1）减少、防止起火燃烧

①火灾危害性大的工厂、仓库等，应考虑与居住区及重要建筑等保持充分的安全距离。

②化工企业、易燃易爆建筑以及储存有毒物品的库房等，应迁出人口密集区，修建在城市边缘地带的下风区。

③加强各类建筑的耐火、防火性能。

2）阻止火势扩大蔓延

防火间距的保障是建筑防火安全的最低要求。在发生市区火灾时，防火间距将失去作用，有效的方式是采用防火隔离带，避免城市火灾的成片蔓延。

①立体防火隔离带——连续布置成线状、成片状的多层或高层的耐火建筑，可以起到阻挡街道、市区大火的辐射热以及阻截火流的"防火墙"作用。

②平面防火隔离带——在防灾规划中，空地、绿化、公园、道路以及水面等开阔部分，构成了平面防火隔离带。

3）组织安全疏散避难

①疏散道路——保证足够的宽度和密度，避免弯道、丁字口及尽端道路，应形成多维多向的城市交通网络。

②避难场地——由空地、广场、绿地、公园等构成，须保证其有效性、可达性、安全性。

4）加强消防扑救力量

①前提条件——消防站的配备和保障措施，应有良好的防火、抗震能力；

②外围因素——城市道路网、消防用水的完善配备；

③通讯情报工作——城市消防网络的建立，便于信息的获得和传递；

④科技因素——大数据、智能化灾害联动措施等现代科学技术及设施设备的应用；

⑤消防装备——采用特殊的装备，如消防飞机、消防坦克、大功率的消防车等。

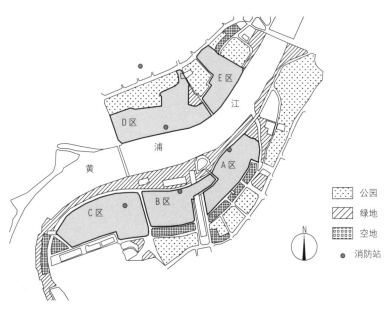

图例：

- ⸬ 公园
- ⫽ 绿地
- ▦ 空地
- ● 消防站

图2-1　平面防火隔离带
（2010年上海世博会展馆区）

2010年上海世博会展馆区规划合理布置空地、绿化、公园、道路及水面等开阔部分，构成了城市空间的平面防火隔离带，其中基本无可燃物，能够有效地截断火势，阻止火势蔓延。

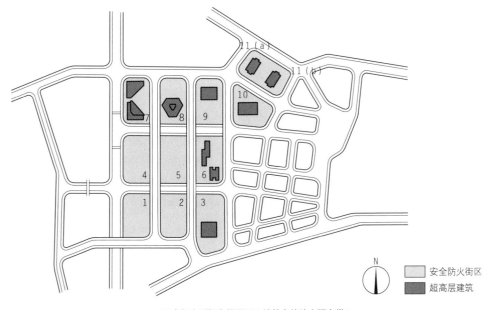

在市中心形成公共建筑均匀布置的片状格局，安全区域被划分为11个街区，每区原则上只修建1幢超高层建筑，保证每个街区留有30%的空地，各高楼之间保持50～100m以上的间距，可有效阻止城市火灾的蔓延。

1～11均为安全防火街区编号，街区内超高层建筑分别为：

3- 国际电信电话大楼；

6- 京王广场饭店本馆及南馆；

7- 小田急和新宿第一生命大厦；

8- 新宿住友大厦；

9- 新宿三井大厦；

10- 新宿中心大厦；

11（a）- 新宿野村大厦；

11（b）- 安田火灾海上保险公司大楼。

安全防火街区
超高层建筑

a 日本新宿副都心总平面（片状立体防火隔离带）

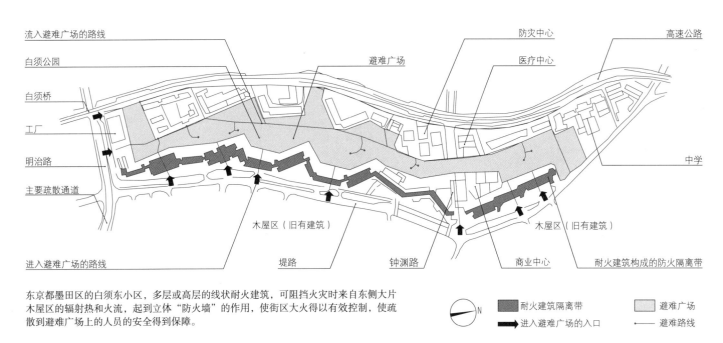

东京都墨田区的白须东小区，多层或高层的线状耐火建筑，可阻挡火灾时来自东侧大片木屋区的辐射热和火流，起到立体"防火墙"的作用，使街区大火得以有效控制，使疏散到避难广场上的人员的安全得到保障。

耐火建筑隔离带
进入避难广场的入口
避难广场
避难路线

b 日本白须东小区（线状立体防火隔离带）

图 2-2　立体防火隔离带

2.1.2 城市应急避难场所

城市应急避难场所可结合避震疏散场所设置，制定避震疏散规划应和城市其他防灾要求相结合。城市避震疏散场所应按照紧急避震疏散场所和固定避震疏散场所分别进行安排，一般由空地、广场、绿地、公园等构成，包括以下类型：

1）紧急避难场所：灾后为附近居民提供临时、紧急避难的场所，是灾民集合并转移到固定避难场所的过渡性场所。一般选择居住区、企事业单位内部或街边公园广场、高层建筑中的避难层或停车场进行布局。

2）固定避难场所：灾后能为灾民提供较长时间避难安置和医疗救助的重要场所，应选择面积较大、通达性好、设施较齐全的场所，结合居民区人口密集程度、疏散道路畅通情况、服务范围大小和与其他救援设施的距离等因素布局。

3）中心避难场所：规模较大、功能较全，是具有避难救灾指挥中心和伤员转运中心作用的固定避难场所。布局时一般选择面积较大的开敞空间，交通通达性要高，且应靠近救灾、医疗等设施，方便灾后救援指挥工作的尽快展开。

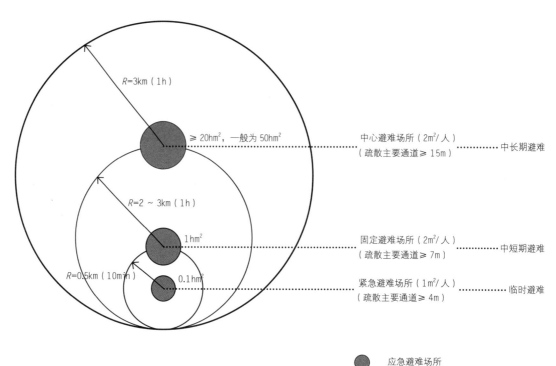

图 2-3 　城市应急避难场所

2.2 民用建筑的防火间距

2.2.1 民用建筑防火间距的规定

防火间距是防止着火建筑在一定时间内引燃相邻建筑，便于消防扑救的间隔距离。防火间距是相邻建筑之间的空间间隔，既是防止火灾在建筑之间蔓延的间隔，又是保证灭火救援行动方便、安全的空间。防火间距应按相邻建筑物外墙的最近水平距离计算，当外墙有凸出的可燃或难燃构件时，应从其凸出部分的外缘算起。

民用建筑不宜布置在火灾危险性为甲、乙类厂（库）房，甲、乙、丙类液体和可燃气体储罐以及可燃材料堆场附近。

耐火等级	一、二	三	四
一、二	6	7	9
三	7	8	10
四	9	10	12

注：①相邻两座建筑物，当相邻外墙为不燃烧体且无外露的可燃性屋檐，每面外墙上未设置防火保护措施的门窗洞口不正对开设，且洞口面积之和≤该外墙面积的5%时，其防火间距可按本图规定减少25%。
②相邻建筑通过连廊、天桥或底部的建筑物等连接时，其间距不应小于本图规定。
③耐火等级低于四级的既有建筑物，其耐火等级可按四级确定。

图2-4 民用建筑之间的防火间距

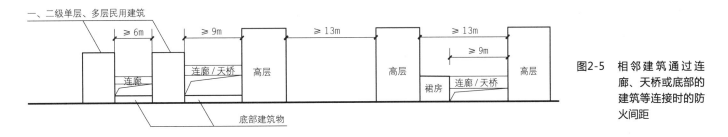

图2-5 相邻建筑通过连廊、天桥或底部的建筑等连接时的防火间距

民用建筑与液化石油气供应基地的全压式和半冷式储罐（区）的防火间距（m）							

表2-1

名称	液化天然气储罐（区）（总容积 V，m³）						
	$30 < V ≤ 50$	$50 < V ≤ 200$	$200 < V ≤ 500$	$500 < V ≤ 1000$	$1000 < V ≤ 2500$	$2500 < V ≤ 5000$	$5000 < V ≤ 10000$
单罐容积 V（m³）	$V ≤ 20$	$V ≤ 50$	$V ≤ 100$	$V ≤ 200$	$V ≤ 400$	$V ≤ 1000$	$V > 1000$
居住区、村镇和重要公共建筑（最外侧建筑物的外墙）	45	50	70	90	110	130	150
其他民用建筑	40	45	50	55	65	75	100

注：①防火间距按本表储罐区的总容积或单罐容积的较大者确定。
②当地下液化石油气储罐的单罐容积≤50m³，总容积≤400m³时，其防火间距可按本表规定减少50%。
③居住区、村镇：指≥1000人或≥300户及以上者；当<1000人或<300户时，相应的防火间距按本表有关其他民用建筑的要求确定。

民用建筑与液体储罐（区）的防火间距（m）　表2-2

类别	一个罐区或堆场的总容量 V（m³）	民用建筑			
		一、二级		三级	四级
		高层民用建筑	裙房、其他民用建筑		
甲、乙类液体储罐（区）	$1 \leq V < 50$	40	12	15	20
	$50 \leq V < 200$	50	15	20	25
	$200 \leq V < 1000$	60	20	25	30
	$1000 \leq V < 5000$	70	25	30	40
丙类液体储罐（区）	$5 \leq V < 250$	40	12	15	20
	$250 \leq V < 1000$	50	15	20	25
	$1000 \leq V < 5000$	60	20	25	30
	$5000 \leq V < 25000$	70	25	30	40

民用建筑与湿式可燃气体／氧气储罐的防火间距（m）　表2-3

类别	一个储罐总容量 V（m³）	民用建筑	
		裙房，单、多层民用建筑	高层民用建筑
湿式可燃气体储罐	$V < 1000$	18	25
	$1000 \leq V < 10000$	20	30
	$10000 \leq V < 50000$	25	35
	$50000 \leq V < 100000$	30	40
	$100000 \leq V < 300000$	35	45
湿式氧气储罐	$V \leq 1000$	18	
	$1000 < V \leq 50000$	20	
	$V > 50000$	25	

民用建筑与瓶装液化石油气供应站瓶库的防火间距（m）　表2-4

分类	Ⅰ级		Ⅱ级	
瓶库的总存瓶容积 V（m³）	$6 < V \leq 10$	$10 < V \leq 20$	$1 < V \leq 3$	$3 < V \leq 6$
重要公共建筑	20	25	12	15
其他民用建筑	10	15	6	8

民用建筑与厂房、仓库之间的防火间距（m）　表2-5

名称			民用建筑				
			裙房，单、多层建筑			高层建筑	
			一、二级	三级	四级	一类	二类
甲类厂房	单、多层	一、二级	25			50	
乙类厂房、仓库	单、多层	一、二级					
		三级					
	高层	一、二级					
丙类厂房、仓库	单、多层	一、二级	10	12	14	20	15
		三级	12	14	16	25	20
		四级	14	16	18		
	高层	一、二级	13	15	17	20	15
丁、戊类厂房、仓库	单、多层	一、二级	10	12	14	15	13
		三级	12	14	16	18	15
		四级	14	16	18		
	高层	一、二级	13	15	17	15	13

2.2.2 汽车库、修车库的防火间距

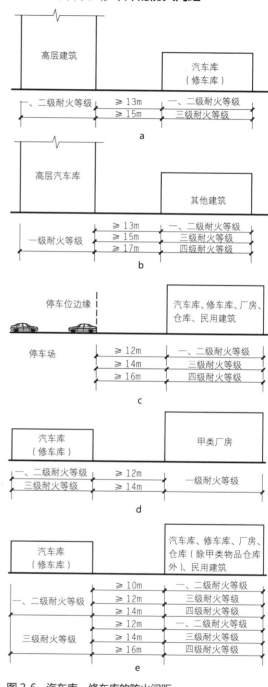

图 2-6　汽车库、修车库的防火间距

2.3 民用建筑防火间距的放宽情形

在基地充裕的情况下，容易满足防火间距的要求，但在旧城改造、保护历史建筑，以及创造新、老建筑共处的空间环境时，往往受四周原有建筑的限制，使得有的基地在满足各种间距后已无法布置新建建筑。这种情况下，可考虑结合防火间距的放宽情形来布置新建建筑。

1）两座建筑相邻较高一面外墙为防火墙，或高出相邻较低建筑（一、二级耐火等级）的屋面15m及以下范围内的外墙为防火墙时，其防火间距不限。

2）两座高度相同的建筑（一、二级耐火等级），相邻任一侧外墙为防火墙，屋顶耐火极限≥1.00h时，其防火间距不限。

3）相邻两座建筑，较低建筑的耐火等级不低于二级，其相邻面的外墙为防火墙且屋顶无天窗，屋顶的耐火极限≥1.00h时，其防火间距：单、多层建筑应≥3.5m，高层建筑应≥4m。

4）相邻两座建筑，较低建筑的耐火等级不低于二级且屋顶无天窗，较高一面外墙高出较低建筑的屋面15m及以下范围内的开口部位设置FM甲、FC甲，或设置防火分隔水幕或防火卷帘时，其防火间距：单、多层建筑应≥3.5m；高层建筑应≥4m。

5）除高层民用建筑外，数座一、二级耐火等级的住宅建筑或办公建筑，当占地面积总和≤2500m²时，可成组布置，但组内建筑物之间的间距宜≥4m，组与组或组与相邻建筑物的防火间距不应小于防火间距的一般规定。

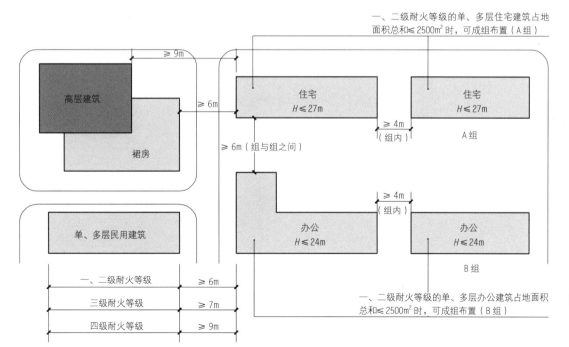

图2-7 小规模成组布置单、多层建筑防火间距的放宽情形

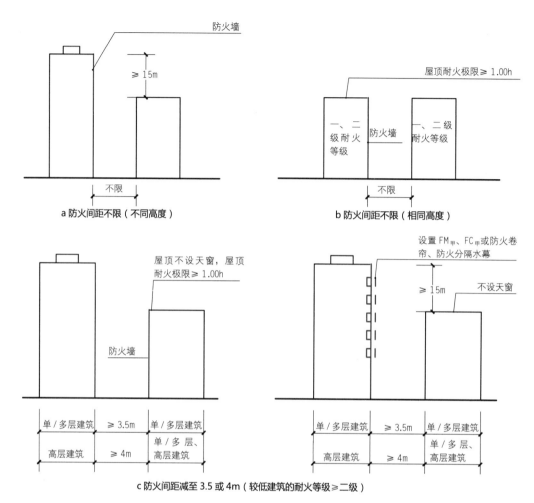

防火墙

≥ 15m

不限

a 防火间距不限（不同高度）

屋顶耐火极限 ≥ 1.00h

一、二级耐火等级　防火墙　一、二级耐火等级

不限

b 防火间距不限（相同高度）

屋顶不设天窗，屋顶耐火极限 ≥ 1.00h

防火墙

设置 FM甲、FC甲或防火卷帘、防火分隔水幕

≥ 15m　不设天窗

| 单/多层建筑 | ≥ 3.5m | 单/多层建筑 |
| 高层建筑 | ≥ 4m | 单/多层、高层建筑 |

| 单/多层建筑 | ≥ 3.5m | 单/多层建筑 |
| 高层建筑 | ≥ 4m | 单/多层、高层建筑 |

图 2-8　民用建筑防火间距的放宽情形

c 防火间距减至 3.5 或 4m（较低建筑的耐火等级 ≥ 二级）

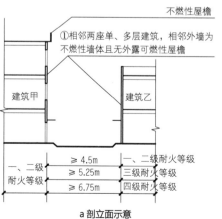

不燃性屋檐

①相邻两座单、多层建筑，相邻外墙为不燃性墙体且无外露可燃性屋檐

建筑甲　　建筑乙

一、二级耐火等级	≥ 4.5m	一、二级耐火等级
	≥ 5.25m	三级耐火等级
	≥ 6.75m	四级耐火等级

②每面外墙上无防火保护的门、窗、洞口不正对开设

建筑甲　　建筑乙

③两侧建筑无防火保护措施的门、窗、洞口面积之和≤外墙面积的5%

图 2-9　相邻单、多层建筑之间防火间距减少25%的三个条件

a 剖立面示意　　　　　　　　　b 平面示意

2.4 消防车道

消防车道的设置应与扑救场地结合，能承受重型消防车的压力，满足消防车的通行和扑救建筑火灾的需要，符合消防车转弯半径的要求。消防车道的坡度宜≤8%，环形消防车道至少应有2处与其他车道连通，尽端式消防车道应设置回车道（场）。

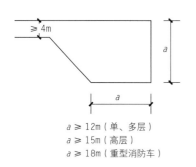

①消防电梯　②安全出口/进入窗口　③消防控制室
④受限裙房　⑤消防车道　⑥扑救场地

图 2-10　利于消防扑救的六结合原则

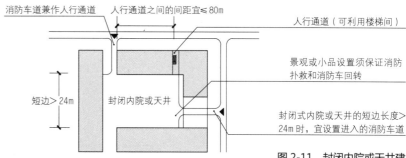

图 2-11　封闭内院或天井建筑的消防车道设置

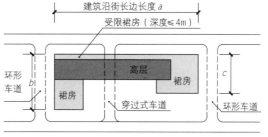

$a \geqslant 12m$（单、多层）
$a \geqslant 15m$（高层）
$a \geqslant 18m$（重型消防车）

图 2-12　尽端式消防车回车场

满足下列条件之一时，应设置穿过建筑的消防车道，确有困难时应设置环形消防车道：
①建筑物沿街部分长度：$a > 150m$（矩形建筑）。
②建筑物总长度：$a+b > 220m$（L形建筑）或 $a+b+c > 220m$（U形建筑）。

注：①街区内道路应考虑消防车通行，其道路中心线间距宜≤160m。
②高层民用建筑，>3000个座位的体育馆，>2000个座位的会堂，占地面积>3000m²的商店建筑、展览建筑等单、多层公共建筑，应设置环形消防车道，确有困难时可沿建筑的两个长边设置消防车道。

图 2-13　消防车道的设置及形式

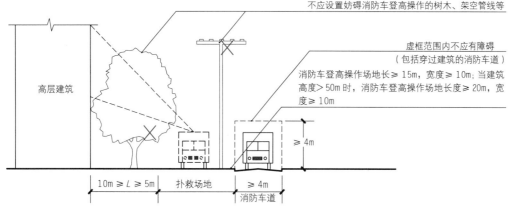

不应设置妨碍消防车登高操作的树木、架空管线等

虚框范围内不应有障碍（包括穿过建筑的消防车道）

消防车登高操作场地长≥15m，宽度≥10m；当建筑高度>50m时，消防车登高操作场地长度≥20m，宽度≥10m

图 2-14　消防车道与扑救场地的要求

2.5　消防车登高操作场地

高层住宅建筑、山坡地或河道边空建造的高层民用建筑，可沿建筑的一个长边设置消防车道，但该长边所在建筑立面应为消防车登高操作面。

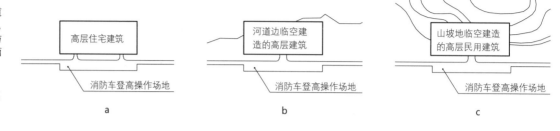

图2-15　高层住宅、临空建筑的消防车道设置

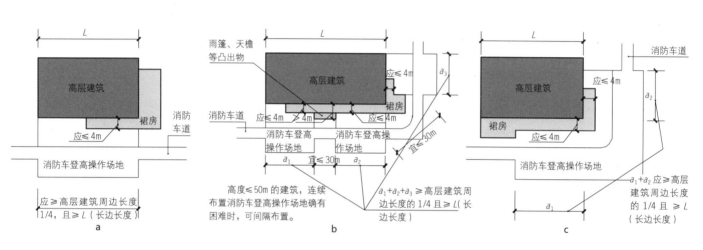

高层建筑至少应沿一个长边或周边长度的 1/4 且不小于一个长边长度的底边连续布置消防车救援场地。建筑高度≤50m 的建筑，连续布置消防车救援场地确有困难时，可间隔布置，但间距宜≤30m，其总长度应符合规定。消防车救援场地坡度宜≤3%。

图2-16　高层建筑的救援场地和出入口设置

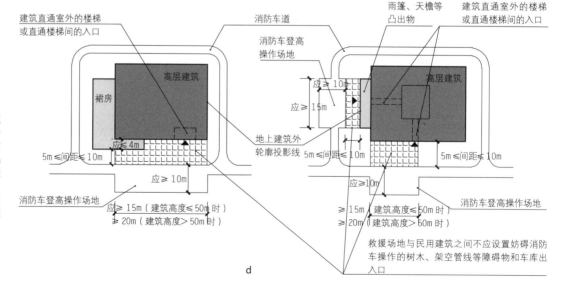

2.6 群体高层建筑的典型布局方式

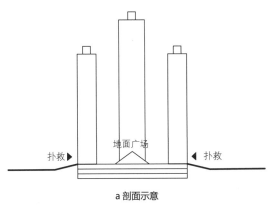

a 剖面示意

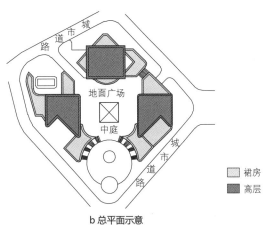

b 总平面示意

▢	裙房
■	高层

"裙房"设于地下，形成半地下商业空间，其屋顶形成与道路略有高差的广场，多个高层主体矗立其上。广场上设置利于地下空间采光通风的中庭、通风井等，消防车可直接驶上屋顶广场对各高层主体进行扑救。

图 2-17　广场式布局

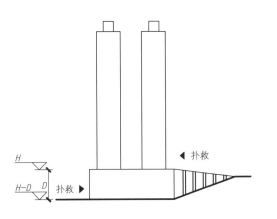

a 高低两侧设置消防车道

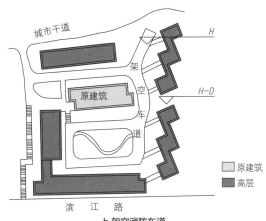

b 架空消防车道

▢	原建筑
■	高层

当地形高差较大时，可在坡地场地两侧设置消防车道进行扑救（图 2-18a）。当消防车道到达建筑周边有困难时，可在地势较高一侧设置架空消防车道进行扑救（图 2-18b）。

图 2-18　立体式布局

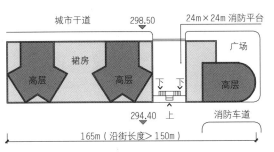

当裙房太长（沿街长度 > 150m 或总长 > 220m），且两侧有高差时，可在其间设置消防平台作为扑救场地，消防车道不需穿越建筑，人流可经过消防平台抵达建筑另一侧。

图 2-19　消防平台代替穿过式消防车道

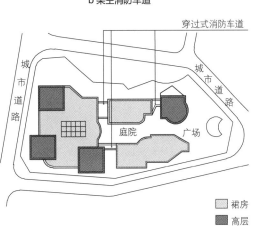

▢	裙房
■	高层

各高层建筑布置于裙房外部紧邻城市道路一侧，当裙房及内院尺度较大时，宜设置多个方向的穿过式车道。

图 2-20　周边式布局

2.7 总体布局案例解析

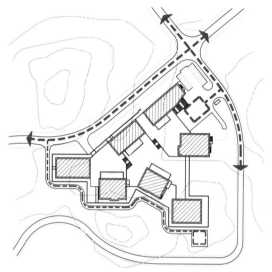

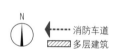

分散式布局：结合山地地形，通过不同标高的平台将7栋建筑联系起来，周边设置消防车道，道路尽端设置消防车回车场。

图 2-21 四川美术学院虎溪校区设计艺术馆

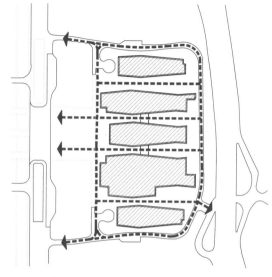

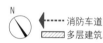

5栋会展建筑并排布局，建筑周边设置环形消防车道，每栋建筑之间设置穿过式消防车道，可兼作人员安全疏散通道。

图 2-22 广州白云国际会展中心

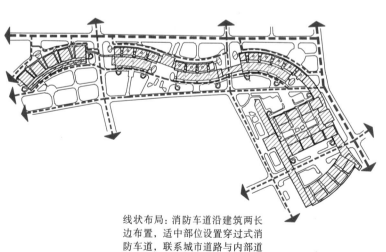

线状布局：消防车道沿建筑两长边布置，适中部位设置穿过式消防车道，联系城市道路与内部道路，可在建筑两侧实现消防扑救和疏散组织。

图 2-23 义乌国际商贸城一期

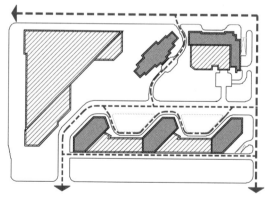

3栋高层办公建筑沿道路布局，2栋高层酒店建筑沿长边设置消防车道和扑救场地，购物中心两侧为主要城市道路，各自保证消防扑救。

图 2-24 北京华贸中心

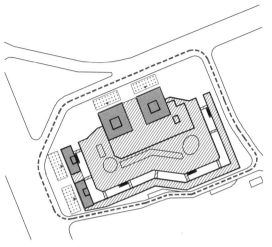

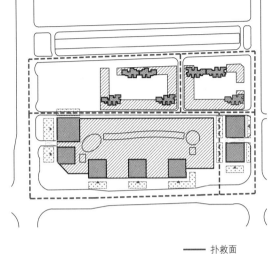

消防车道沿建筑周边布置，高层建筑布局在裙房外侧，与裙房各自设置独立的安全疏散系统。

图 2-25　上海宝山万达广场

高层建筑沿城市道路布局，结合外部空间设置消防车道和救援场地。

图 2-26　佛山南海万达广场

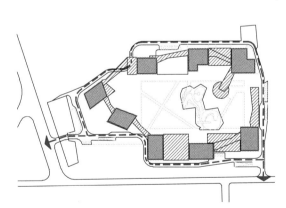

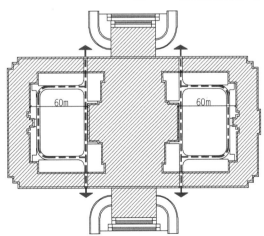

各高层建筑沿外围道路布局，外部保证消防扑救，内部形成人性化的广场或院落。

图 2-27　北京当代 MOMA 城

建筑沿街长度过长，消防车道穿越建筑可进入短边尺寸＞24m 的内院，保证内外消防扑救和疏散。

图 2-28　济南龙奥资产运营有限公司综合服务楼

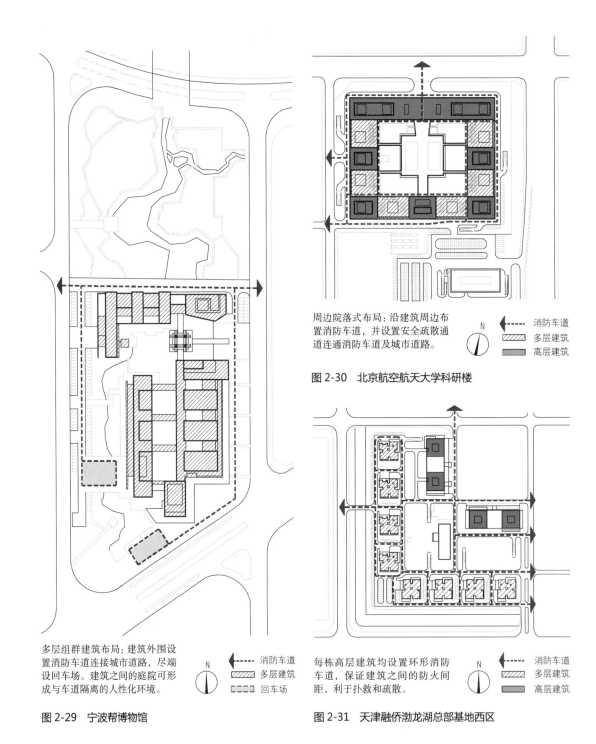

周边院落式布局：沿建筑周边布置消防车道，并设置安全疏散通道连通消防车道及城市道路。

图 2-30　北京航空航天大学科研楼

	消防车道
	多层建筑
	高层建筑

多层组群建筑布局：建筑外围设置消防车道连接城市道路，尽端设回车场。建筑之间的庭院可形成与车道隔离的人性化环境。

图 2-29　宁波帮博物馆

	消防车道
	多层建筑
	回车场

每栋高层建筑均设置环形消防车道，保证建筑之间的防火间距，利于扑救和疏散。

图 2-31　天津融侨渤龙湖总部基地西区

	消防车道
	多层建筑
	高层建筑

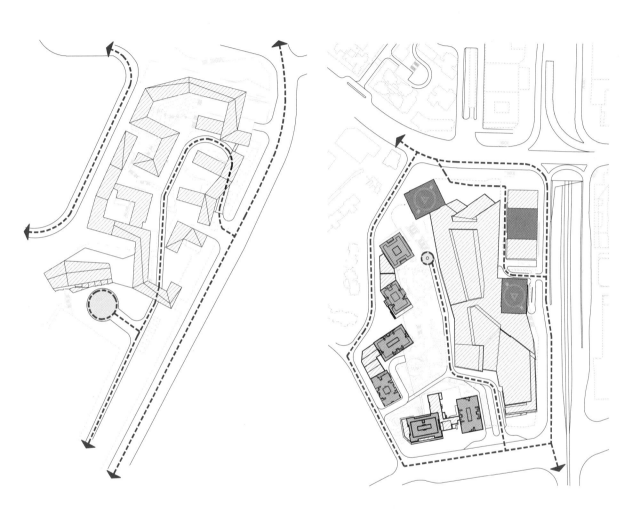

建筑沿城市道路布局，保证消防扑救，消防车道穿越广场院落，内部联系人员安全疏散通道，外部联系城市道路。

图 2-32　深圳美伦酒店 + 公寓

项目位于山坡地上，消防车道沿建筑四周布置，并在坡度过大处设置回车场，满足各栋高层建筑的消防扑救要求。

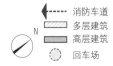

图 2-33　重庆协信星光时代

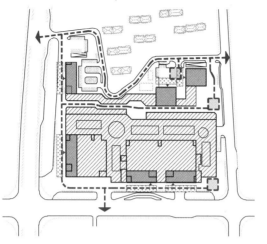

消防车道沿建筑四周布置，形
成内外环路，邻近高层建筑或
道路尽端设置回车场；各高层
建筑邻道路，留有足够尺度的
消防车登高操作场地。

	扑救面
	消防车道
▨	多层建筑
▦	高层建筑
▨	回车场
⋮	登高操作场地

图 2-34　上海周浦万达商业广场

各高层建筑靠城市道路外围布置，
可在城市道路一侧组织消防扑救，
塔楼之间广场构成救援场地。

	消防车道
▨	高层建筑
▦	多层建筑

图 2-35　深圳卓越皇岗世纪中心

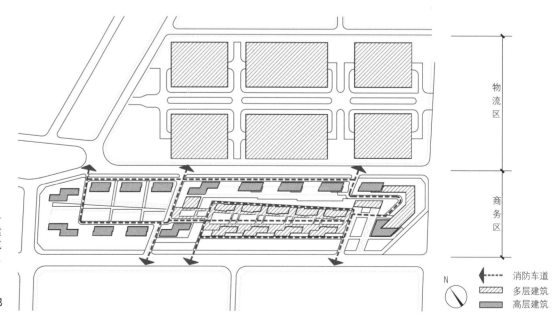

物流区建筑呈网格布局，商务
区高层建筑呈点状布置，沿建
筑周边设置消防车道，各建筑
之间设有人员安全疏散通道，
连通外部道路。

图 2-36　成都博川物流基地

	消防车道
▨	多层建筑
▦	高层建筑

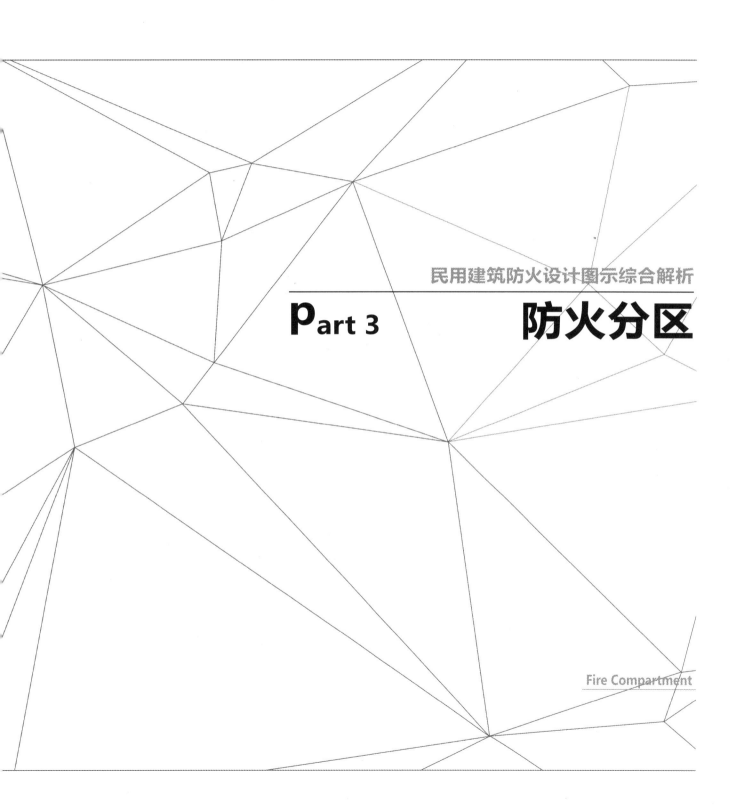

P_{art} 3

防火分区

Fire Compartment

3. 防火分区

3.1 防火分区的面积规定

防火分区是在建筑内部采用防火墙、耐火楼板及其他耐火分隔设施分隔而成，能在一定时间内防止火灾向同一建筑的其余部分蔓延的局部空间。防火分区设计包括水平防火分区设计和垂直防火分区设计，其目的是将火势控制在限制的区域内，至少需要保持一定时间，避免火势扩散至另外的空间。

民用建筑的高度、层数及防火分区允许的最大建筑面积　　表 3-1

类型	耐火等级	允许建筑高度、层数、位置		防火分区允许的最大建筑面积（m²）	备注
高层民用建筑	一、二级	住宅	>27m	1500	体育馆、剧场的观众厅的防火分区的最大允许建筑面积，可适当增加
		公建	>24m		
单、多层民用建筑	一、二级	住宅	≤27m	2500	
		公建	≤24m 的单／多层、>24m 的单层		
	三级	5层		1200	—
	四级	2层		600	—
（半）地下建筑（室）	一级	—		500	设备用房防火分区最大允许建筑面积应≤1000m²
汽车库	一、二级	单层		3000	—
		多层		2500	
		高层或地下		2000	
商业营业厅、展览厅	一、二级	高层建筑		4000	设置自动灭火系统、火灾自动报警系统，且采用不燃或难燃装修材料
		单层或多层建筑的首层		10000	
		（半）地下		2000	

注：①设置自动灭火系统的防火分区，允许最大建筑面积可按本表增加 1 倍；当局部设置时，增加面积可按该局部面积的 1 倍计算。
　　②裙房与高层建筑主体之间设置防火墙时，裙房的防火分区可按耐火等级为一、二级单／多层建筑的要求确定。
　　③敞开式、错层式、斜楼板式汽车库的上下连通层面积应叠加计算，其防火分区最大允许建筑面积可按本表规定值增加 1 倍；半地下汽车库、设在建筑物首层的汽车库的防火分区，最大允许建筑面积应≤2500m²；室内有车道且有人员停留的机械式汽车库的防火分区，最大允许建筑面积应按本表规定值减少 35％。

3.2 水平防火分区

水平防火分区是采用具有一定耐火能力的墙体、门、窗和楼板，按规定的建筑面积标准，根据建筑物内部的不同使用功能区域，分隔形成的若干防火区域或防火单元。除了考虑不同的火灾危险性外，还需按照使用灭火剂的种类加以分隔；对于贵重设备间、贵重物品的房间，也需分隔成防火单元。

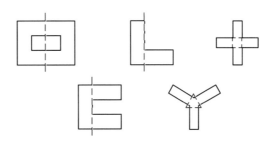

当民用建筑标准层面积超过一个防火分区允许最大建筑面积时，可结合形体在平面转折处划分防火分区。高层建筑每个防火分区允许建筑面积≤1500m²，如全设自动灭火系统，可扩大至3000m²。

图 3-1　结合平面及形体划分水平防火分区

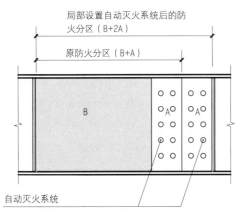

局部设置自动灭火系统的防火分区，其允许最大建筑面积可增加局部面积的1倍。

a 局部设置自动灭火系统

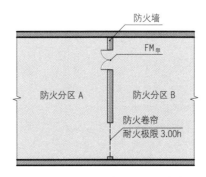

应采用防火墙划分防火分区，确有困难时可结合 FM甲 或防火卷帘、防火分隔水幕等措施进行分隔。

b 水平防火分区的划分

图 3-2　水平防火分区的耐火分隔

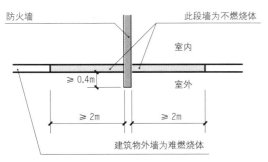

建筑外墙为难燃烧体时，防火墙应凸出外墙表面0.4m，且防火墙两侧的外墙应为宽度≥2m的不燃烧体，其耐火极限应≥外墙的耐火极限。

图3-3　防火分区分界处的防火墙设置

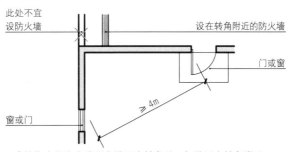

建筑物内的防火墙不宜设置在转角处。如设置在转角附近，内转角两侧墙上的门、窗洞口之间最近边缘的水平距离应≥4m。

图3-4　防火分区转角处的防火墙设置

3.3 垂直防火分区

　　垂直防火分区是以耐火楼板、窗槛墙、防火挑檐等对建筑空间进行竖向分隔，并在管井、上下连通部位等处设置相应的耐火封堵措施，使整个建筑在竖向上形成防火分隔。每一自然层通常作为一个防火分区。当建筑物内设置中庭、自动扶梯、敞开楼梯等上下层相连通的开口时，其防火分区允许最大建筑面积应按上下层相连通的面积叠加计算。

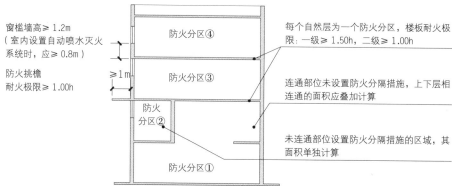

图 3-5　防火分区连通部位面积叠加计算

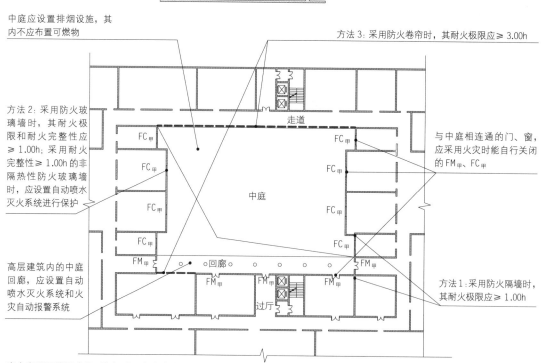

图 3-6　中庭与周围连通空间的防火分隔措施

当中庭连通楼层建筑面积超过一个防火分区允许最大建筑面积时，应将中庭与周围连通空间进行防火分隔。

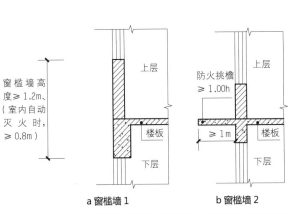

窗槛墙高度≥1.2m、（室内自动灭火时，≥0.8m）

上层

下层

楼板

a 窗槛墙1

防火挑檐≥1.00h

上层

下层

楼板

≥1m

b 窗槛墙2

上下层开口之间设置实体墙确有困难时，可设置防火玻璃墙，应保证其耐火完整性。

图3-7 垂直防火分区的防火分隔

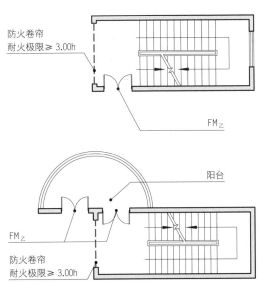

防火卷帘耐火极限≥3.00h

FM$_Z$

阳台

FM$_Z$

防火卷帘耐火极限≥3.00h

图3-8 连通部位的防火分隔（兼顾平时使用）

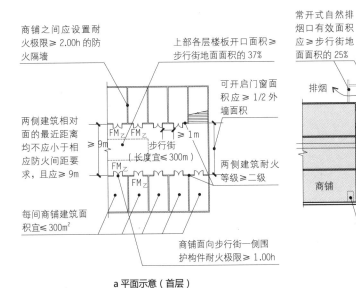

商铺之间应设置耐火极限≥2.00h的防火隔墙

上部各层楼板开口面积≥步行街地面面积的37%

可开启门窗面积应≥1/2外墙面积

两侧建筑相对面的最近距离均不应小于相应防火间距要求，且应≥9m

FM$_Z$ FM$_Z$

步行街（长度宜≤300m）

≥1m

≥9m

FM$_Z$

两侧建筑耐火等级≥二级

每间商铺建筑面积宜≤300m²

商铺面向步行街一侧围护构件耐火极限≥1.00h

a 平面示意（首层）

常开式自然排烟口有效面积应≥步行街地面面积的25%

顶棚应采用不燃或难燃材料，承重结构的耐火极限应≥1.00h

各层楼板开口应≥步行街地面面积的37%

排烟

排烟

≥1.2m

≥1.2m

回廊或挑檐

≥6m

商铺

步行街

商铺

≥9m

两侧商铺内外均应设置疏散照明、灯光疏散指示标志和消防应急广播系统

b 剖面示意

图3-9 有顶棚商业步行街的防火设计

3.4 大型地下商业建筑防火分区

总建筑面积 > 20000m² 的地下或半地下商店，应采用无门、窗、洞口的防火墙和耐火极限 ≥ 2.00h 的楼板，分隔为多个建筑面积 ≤ 20000m² 的区域。相邻区域确需局部连通时，应采用室外开敞空间（如下沉式广场）、防火隔间、避难走道、防烟楼梯间等方式进行连通。防烟楼梯间的门应采用 FM甲。

实际工程中，"下沉式空间"相当于一个开敞式防火隔离区，"防火隔间"则相当于一个封闭式防火隔离区。

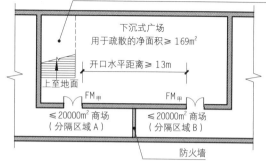

图 3-12 下沉式广场等室外开敞空间

将两个地下商场的连接处上部敞开，形成一个开敞的下沉式空间，人员须通过此开敞空间才能到达另一商场。同时，此开敞空间内应有楼梯或踏步直接上到室外地面。

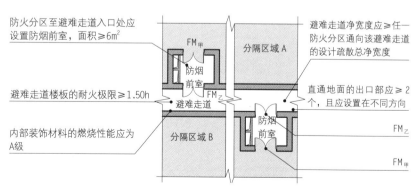

图 3-10 开敞式防火隔离区

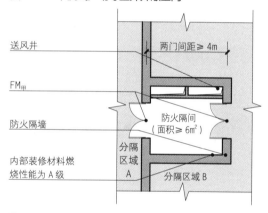

图 3-13 防火隔间

图 3-11 避难走道

在两个地下商场的连接处设置一个封闭的耐火空间，犹如超高层建筑的避难区，人员须通过此封闭空间才能到达另一商场。防火隔离区面积应根据相关规范计算，前室应设置加压送风系统。

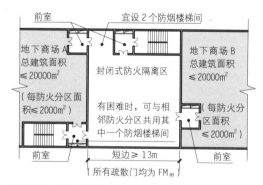

图 3-14 封闭式防火隔离区

3.5 汽车库防火分区

汽车库防火分区的最大允许面积应该符合表3-2的规定。其中敞开式、错层式、斜楼板式汽车库的上下连通层面积应该叠加计算，每个防火分区的最大允许建筑面积不应大于表3-2规定的2.0倍；室内有车道且有人员停留的机械式汽车库，其防火分区最大允许建筑面积应按表3-2的规定减少35%。

汽车库防火分区的最大允许

建筑面积（m²）　　　表3-2

耐火等级	单层汽车库	多层汽车库、半地下停车库	地下汽车库、高层汽车库
一、二级	3000	2500	2000
三级	1000	不允许	不允许

a 敞开式汽车库

b 斜楼板式汽车库

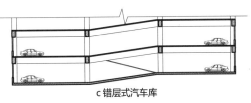

c 错层式汽车库

注：敞开式、斜楼板式、错层式汽车库的上下连通层面积应该叠加计算，每个防火分区的最大允许建筑面积不应大于表3-2规定的2倍。

图3-15　汽车库防火分区

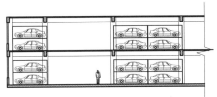

室内有车道且有人员停留的机械式汽车库，其防火分区最大允许建筑面积应按表3-2的规定减少35%。

图3-16　室内有车道且有人员停留的机械式汽车库（剖面）

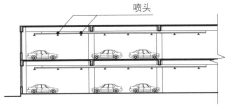

设置自动灭火系统的汽车库，每个防火分区最大允许建筑面积不应大于表3-2规定的2倍。

图3-17　设置自动灭火系统的汽车库（剖面）

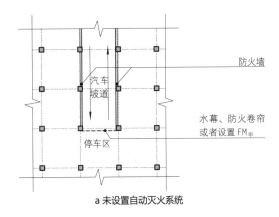

a 未设置自动灭火系统

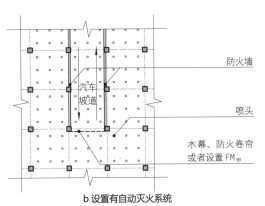

b 设置有自动灭火系统

除敞开式汽车库、斜楼板式汽车库外，其他汽车库内的汽车坡道两侧应采用防火墙与停车区隔开，坡道入口应采用水幕、防火卷帘或FM甲与停车区隔开；但当汽车库和汽车坡道上均设置自动灭火系统时，坡道的出入口可不设置水幕、防火卷帘或FM甲。

图3-18　汽车库内汽车坡道的防火分隔措施

3.6 空间设置结合防火分区

空间设置结合防火分区 　　　　　　　　　　　　　　　　表3-3

功能部位	空间设置要求及其耐火分隔措施
商店营业厅、展览建筑的展览厅	地上部分采用三级耐火等级建筑时，应≤2层；采用四级耐火等级建筑时，应为单层；不应设置在地下三层及以下。一、二级耐火等级建筑内的营业厅、展厅，当设置自动灭火系统和火灾自动报警系统且采用不燃或难燃装修材料时，每个防火分区的最大允许建筑面积应符合：设置在高层建筑内时，应≤4000m²；设置在单层建筑或仅设置在多层建筑的首层时，应≤10000m²；设置在（半）地下时，应≤2000m²
医院和疗养院的住院部分	1）不应设置在（半）地下；采用三级耐火等级建筑时，应≤2层；采用四级耐火等级建筑时，应为单层 2）病房楼内相邻护理单元之间，应采用耐火极限≥2.00h的防火隔墙分隔，隔墙上的门应采用FM乙，走道上的防火门应采用常开防火门
老年人活动场所和儿童活动场所	宜设置在独立的建筑内，且不应设置在（半）地下。当采用一、二级耐火等级建筑时，应≤3层；采用三级耐火等级建筑时，应≤2层；采用四级耐火等级建筑时，应为单层。确需设置在其他民用建筑内时，应符合：设置在一、二级耐火等级的建筑内时，应布置在首层、二层或三层；设置在高层建筑内时，应设置独立的安全出口和疏散楼梯；设置在单、多层建筑内时，宜设置独立的安全出口和疏散楼梯
教学建筑、食堂、菜市场	采用三级耐火等级建筑时，应≤2层；采用四级耐火等级建筑时，应为单层
剧场、电影院、礼堂	宜设置在独立的建筑内，采用三级耐火等级建筑时，应≤2层，确需设置在其他建筑内时，至少应设置1个独立的安全出口或疏散楼梯，并符合下列规定： 1）应采用耐火极限≥2.00h的防火隔墙和FM甲与其他区域分隔； 2）设置在高层建筑内时，宜布置在首层、二层或三层。确需布置在其他楼层时，一个厅、室的疏散门应≥2个，且建筑面积宜≤400m²；应设置火灾自动报警系统和自动灭火系统；幕布的燃烧性能不应低于B₁级； 3）设置在一、二级耐火等级的多层建筑内时，观众厅宜布置在首层、二层或三层；确需布置在四层及以上楼层时，一个厅、室的疏散门应≥2个，且每个观众厅或多功能厅的建筑面积≤400m²； 4）设置在三级耐火等级的建筑内时，不应设置在三层及以上楼层； 5）设置在（半）地下时，宜设置在地下一层，不应设置在地下三层及以下，防火分区的最大允许建筑面积应≤1000m²（当设置自动灭火系统和自动报警系统时，该面积不得增加）
高层建筑内的观众厅、会议厅、多功能厅	宜布置在首层、二层或三层，设置在三级耐火等级的建筑内时，不应布置在三层及以上，确需布置在一、二级耐火等级建筑的其他楼层时，应符合规定： 1）一个厅、室的疏散门应≥2个，且建筑面积宜≤400m²； 2）设置在地下室或半地下时，宜设置在地下一层，不应设置在地下三层及以下楼层； 3）设置在高层建筑内时，应设置火灾自动报警系统和自动灭火系统
歌舞娱乐放映游艺场所（不含剧场、电影院）	1）不应布置在地下二层及以下，宜布置在一、二级耐火等级建筑内的首层、二层或三层的靠外墙部位； 2）不宜布置在袋形走道的两侧或尽端； 3）确需布置在地下一层时，地下一层的地面与室外出入口地坪的高差应≤10m； 4）确需布置在地下或四层及以上楼层时，一个厅、室的建筑面积应≤200m²； 5）厅、室之间及与建筑的其他部位之间，应采用耐火极限≥2.00h的防火隔墙和耐火极限≥1.00h的不燃性楼板分隔；设置在厅、室墙上的门以及该场所与建筑内其他部位相通的门，均应采用FM乙

续表

功能部位	空间设置要求及其耐火分隔措施
一类高层住宅建筑的特殊房间	54m＜建筑高度≤100m 的住宅建筑，每户应有一个房间符合下列规定： 1）靠外墙设置，并设置可开启外窗； 2）内、外墙体的耐火极限应≥1.00h，该房间的门宜采用 FM乙，外窗宜采用耐火完整性≥1.00h 的 FC
住宅建筑与其他功能组合	设置商业服务网点的住宅建筑，居住部分与商业服务网点之间应采用耐火极限≥2.00h 且无门、窗、洞口的防火隔墙和耐火极限≥1.50h 的不燃性楼板完全分隔，安全出口和疏散楼梯应分别独立设置。商业服务网点中每个分隔单元之间应采用耐火极限≥2.00h，且无门、窗、洞口的防火隔墙相互分隔。 　　除商业服务网点外，住宅建筑与其他使用功能的建筑合建时，应符合下列规定： 　　1）住宅部分与非住宅部分之间，应采用耐火极限≥2.00h，且无门、窗、洞口的防火隔墙和耐火极限≥1.50h 的不燃性楼板完全分隔；当为高层建筑时，应采用无门、窗、洞口的防火墙和耐火极限≥2.00h 的不燃性楼板完全分隔； 　　2）住宅与非住宅部分的安全出口和疏散楼梯应分别独立设置；为住宅部分服务的地上车库应设置独立的安全出口，地下车库的疏散楼梯应进行分隔； 　　3）住宅部分和非住宅部分的安全疏散、防火分区和室内消防设施配置，可根据各自的建筑高度分别按照有关住宅建筑和公共建筑的规定执行；该建筑的其他防火设计，应根据建筑的总高度和建筑规模按有关公共建筑的规定执行
锅炉房、变压器室	宜设置在建筑外的专用房间内；确需贴邻民用建筑布置时，应采用防火墙与贴邻的建筑分隔，耐火等级应≥二级，且不应贴邻人员密集场所；确需布置在民用建筑内时，不应布置在人员密集场所的上一层、下一层或贴邻，并应符合下列规定： 　　1）应设置在首层或地下一层的靠外墙部位；常（负）压燃油或燃气锅炉可设置在地下二层或屋顶上，设置在屋顶上的常（负）压燃气锅炉，距离通向屋面的安全出口应≥6m；采用相对密度（与空气密度的比值）≥0.75 的可燃气体为燃料的锅炉房，不得设置在（半）地下； 　　2）疏散门应直通室外或安全出口； 　　3）与其他部位之间应采用耐火极限≥2.00h 的防火隔墙和耐火极限≥1.50h 的不燃性楼板分隔；在隔墙和楼板上不应开设洞口，确需开设时应采用 FM甲、FC甲； 　　4）锅炉房内设置储油间，其总储存量应≤1m³ 时，且储油间应采用耐火极限≥3.00h 的防火隔墙与锅炉间分隔；确需在防火隔墙上设置门时，应采用 FM甲；变压器室之间、变压器室与配电室之间，应设置耐火极限≥2.00h 的防火隔墙
柴油发电机房	1）宜布置在首层或地下一、二层；不应布置在人员密集场所的上一层、下一层或贴邻； 　　2）应采用耐火极限≥2.00h 的防火隔墙和耐火极限≥1.50h 的不燃性楼板与其他部位分隔，门应采用 FM甲； 　　3）机房内设置储油间，其总储存量≤1m³ 时，储油间应采用耐火极限≥3.00h 的防火隔墙与发电机间分隔；确需在防火墙上开门时，应设置 FM甲； 　　4）设置火灾报警装置和灭火设施
消防控制室、灭火设备室、消防水泵房和通风空气调节机房、变配电室等	附设在建筑内的消防控制室、灭火设备室、消防水泵房和通风空气调节机房、变配电室等，应采用耐火极限≥2.00h 的防火隔墙和耐火极限≥1.50h 的不燃性楼板与其他部位分隔。通风、空气调节机房和变配电室开向建筑内的门，应采用 FM甲；消防控制室和其他设备室开向建筑内的门，应采用 FM乙。 　　设置火灾自动报警系统和需要联动控制的消防设备的建筑（群）应设置消防控制室；消防控制室的设置应符合下列规定： 　　1）单独建造的消防控制室，其耐火等级应≥二级； 　　2）附设在建筑内的消防控制室，宜设置在建筑内首层或地下一层，且宜布置在靠外墙部位； 　　3）不应设置在电磁场干扰较强及其他可能影响消防控制设备正常工作的房间附近； 　　4）疏散门应直通室外或安全出口

3.7 防火分区案例解析

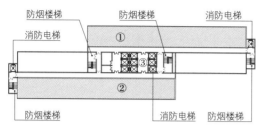

平面呈错开的一字形，体量的交接部位为交通枢纽，结合平面功能在核心筒两侧设置FM甲，联系客房部分，每层平面划分为3个防火分区。

图3-19 伦敦泰拉旅馆防火分区

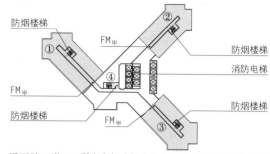

平面呈Y形，三翼客房部分划分为3个防火分区，中央核心部分作为1个防火分区，共4个防火分区。每个防火分区各设置1个防烟楼梯间，三翼防火分区各设置1樘FM甲开向中央的防火分区。

图3-21 北京长城饭店防火分区

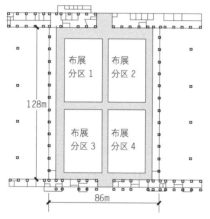

a 单个展厅内的性能化防火分隔措施

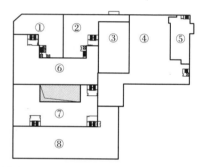

平面划分为9个防火分区，每个分区均保障双向疏散。其中，防火分区⑦作为共享空间，按1个防火分区设计。

图3-22 天津仁恒海河广场地下一层防火分区

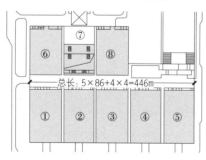

b 首层展厅防火分区及安全疏散

首层有8个展厅，每展厅的建筑面积约为11000m²，均按1个防火分区设计，展厅之间设4m疏散走道，每展厅内设4个布展分区，布展分区之间由6m防火通道分隔，采取性能化防火设计。

图3-20 广州国际会议展览中心一期防火分区

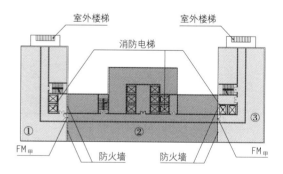

标准层结合防震缝和平面布局划分为3个防火分区。①、③防火分区内各有2部疏散楼梯（其一为室外疏散楼梯）；②防火分区内只有1座疏散楼梯，可借助相邻防火分区进行疏散。每个分区设有1部带有防烟前室的消防电梯。

图3-23 北京饭店东楼防火分区

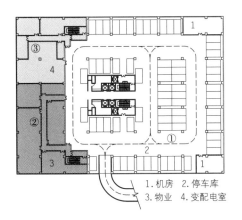

1.机房 2.停车库
3.物业 4.变配电室

地下部分建筑面积为3850m²，停车数量为70辆。按不同功能划分为3个防火分区：①停车库（设消防喷淋）2900m²；②物业管理用房、机房（设消防喷淋）600m²；③变配电室、机房（无消防喷淋）350m²。

图3-24 某高层建筑地下汽车库防火分区

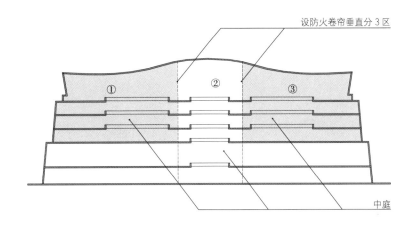

设防火卷帘垂直分3区

中庭

辅楼6层，总建筑面积约2万m²，共设有3个中庭。①、③号中庭连通3～6层，②号中庭连通1～6层。②号中庭两侧层层设置防火卷帘，将辅楼垂直分为3个区，①、③号中庭四周均未设防火分隔，其上下连通建筑面积之和基本控制在一个防火分区最大允许建筑面积之内。

图3-26 上海金茂大厦辅楼垂直防火分区

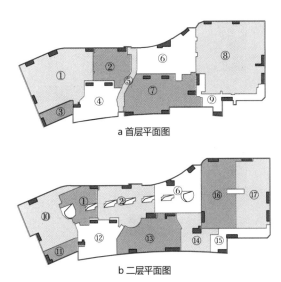

a 首层平面图

b 二层平面图

首层结合交通和商业布局划分为9个防火分区，共设置23部直达室外的疏散楼梯。首层防火分区①和⑧按性能化设计防火，突破了防火分区最大允许建筑面积的限制。

图3-25 天津泰达永旺商业广场防火分区

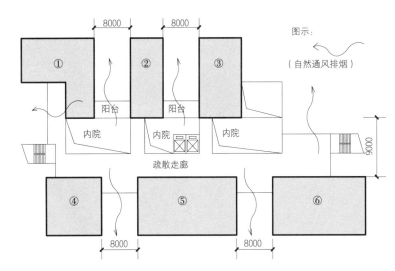

图示：

（自然通风排烟）

共6层，3个内院空间竖向贯通全楼，上设玻璃顶。内院四周开敞，利于自然排烟散热，每层办公单元根据平面布置构成6个防火分区，与相邻及对面房间保持8～9m的防火间距，均能直接双向疏散。经论证，将内院（竖向空间）定性为"室内半开敞空间"而非中庭，内院四周不需设防火卷帘。

图3-27 重庆林同棪办公楼防火分区

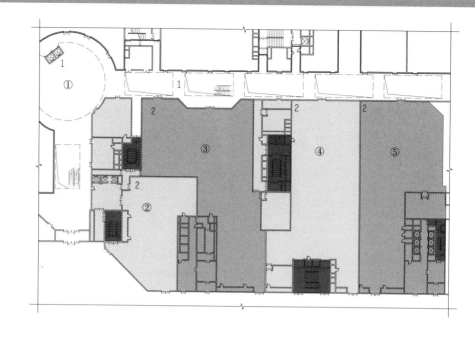

防火分区填充

疏散楼梯填充

—— 防火分区分界线

1.室内步行街
2.次主力店

商业营业厅设有火灾自动报警系统和自动灭火系统，按规范要求，每个防火分区面积≤4000m²（设在高层建筑内）。商业步行街内街顶层为采光顶，设置有开启面积占采光顶投影面积25%的气动开启窗。直通室内步行街的商铺通过有效的防火分隔措施与步行街分隔，每个次主力店均形成独立的防火分区。

图3-28　郑州二七万达广场
（首层平面局部防火
分区）

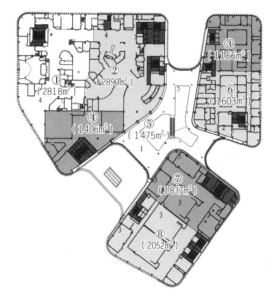

地上4层，地下1层，属于多层建筑。四层平面建筑面积为15242m²，结合功能分布及疏散楼梯布局，划分为8个防火分区，除⑤区（中庭上空）外，其他分区均能满足双向疏散。

图3-29　天津阳光乐园
（四层平面防火分区）

1.环廊　　4.商业
2.办公　　5.中庭上空
3.影院

防火分区填充

疏散楼梯填充

—— 防火分区分界线

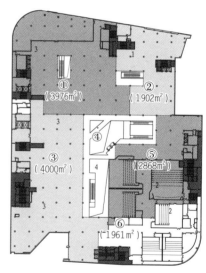

地上6层，地下2层，属于一类高层建筑。六层平面建筑面积为14706m²，按不同功能空间布局关系，划分为6个防火分区，除④区（中庭上空）外，其他分区均能满足双向疏散。

1.健身房　3.餐饮
2.影院　　4.上空

防火分区填充

疏散楼梯填充

—— 防火分区分界线

图3-30　成都苏宁广场
（六层平面防火分区）

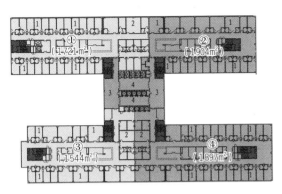

共 12 层，属于一类高层建筑。8 层平面建筑面积为 7066m²，按平面特征及功能布局划分为 4 个防火分区。每个分区均能满足双向疏散，且可通过中央的休息区及电梯厅相互连通。

1. 病房区　3. 休息区
2. 病房区　4. 电梯厅

[防火分区填充]
[疏散楼梯填充]
—— 防火分区分界线

图 3-31　山东大学齐鲁医院门诊保健综合楼
（八层平面防火分区）

1. 餐厅　　4. 设备间
2. 厨房　　5. 坡道
3. 停车库

[防火分区填充]
[疏散楼梯填充]
—— 防火分区分界线

地下共 2 层，主要为设备用房和停车库。地下一层平面建筑面积为 10400m²。车库、设备用房、其他功能各自分区，共划分为 9 个防火分区。⑧区可通过⑦区、⑨区进行疏散，其他分区均能满足双向疏散。

图 3-32　青岛高新区创业中心
（地下一层平面防火分区）

1. 室内步行街
2. 商铺
3. 超市
4. 室外

[防火分区填充]
[疏散楼梯填充]
—— 防火分区分界线

共 3 层，属于多层建筑。一层平面建筑面积为 62769m²，结合室内步行街及商业布局，划分为 16 个防火分区。室内步行街定性为半室外准安全区域，每个分区均可双向疏散至室外或室内步行街。

图 3-33　沈阳星摩尔商业广场
（一层平面防火分区）

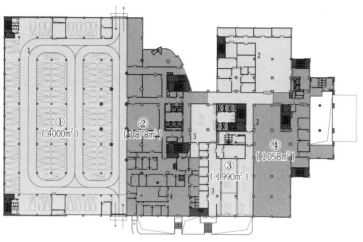

a 地下一层平面

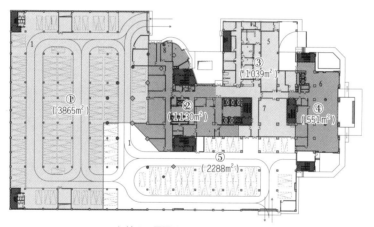

b 地下二层平面

c 地下三层平面

图 3-34　重庆第三军医大学
　　　　西南医院外科大楼
　　（地下层平面防火分区）

1. 停车库　　7. 库房
2. 餐厅　　　8. 垃圾处理
3. 厨房　　　9. 变配电室
4. 献血大厅　10. 空调机房
5. 办公室　　11. 消防水池
6. 后门厅　　12. CO$_2$ 水池

　　防火分区填充

　　疏散楼梯填充

——防火分区分界线

地上 22 层，地下 3 层，建筑高度为 97.8m，总建筑面积为 87000m²，属于一类高层建筑。地下一层共设置 4 个防火分区，车库、输血科、病员餐厅、职工食堂独立分区；地下二层共设置 5 个防火分区，车库分设 2 个分区，服务用房、物业用房、门厅单独分区，其中门厅分区与负一层的职工食堂分区上下连通（面积叠加计算）；地下三层共设 4 个防火分区，其中变配电室、水泵房、空调机房、行政用房单独分区。各分区面积均符合规范要求，满足双向疏散。

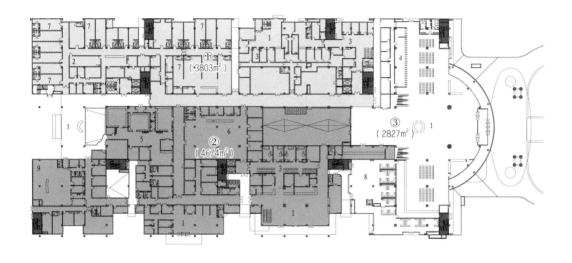

a 一层平面

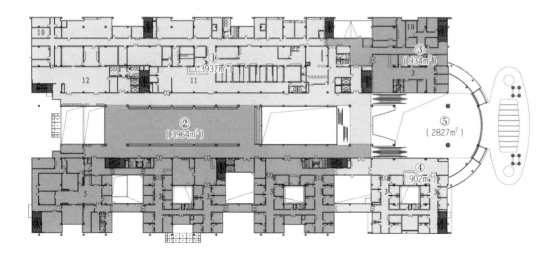

b 二层平面

1. 入口门厅
2. 医师室
3. 诊室
4. 挂号区
5. 手术区
6. 急诊输液区
7. 留观室
8. 药局
9. 护士站
10. 办公室
11. 放射科
12. CT候诊

▨ 防火分区填充
▨ 疏散楼梯填充
—— 防火分区分界线

地上5层，属于多层建筑。其中一层平面划分为3个防火分区：南区、北区和门诊大厅区；二层平面划分为5个防火分区，包括：南北楼各设2个防火分区，东侧门诊大厅上空为第5防火分区。各分区面积均符合规范要求，满足双向疏散。

图3-35　重庆西南医院门诊大楼（一层、二层平面防火分区）

1. 护士站
2. 病房
3. 活动室
4. 处置室
5. 办公
6. 示教室

▨ 防火分区填充
■ 疏散楼梯填充
— 防火分区分界线

住院大楼标准层根据平面形态和护理单元布局,划分为3个防火分区,每个分区均有双向疏散。

图3-36 重庆大坪医院住院综合楼(标准层防火分区)

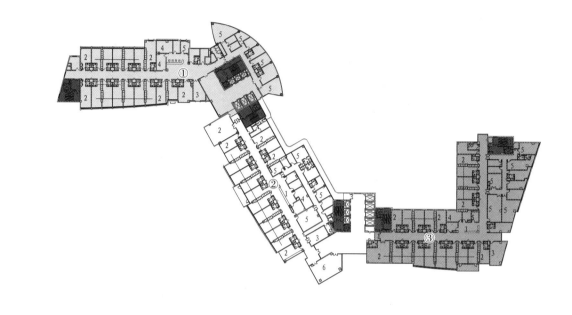

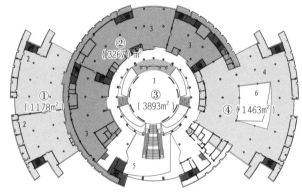

1. 休息大厅   4. 规划展厅
2. 临时展厅   5. 门厅上空
3. 主题展厅   6. 展厅上空

▨ 防火分区填充
■ 疏散楼梯填充
— 防火分区分界线

共4层,属于多层建筑。二层平面建筑面积为7551m²,划分为4个防火分区,每个分区均能满足双向疏散。

图3-37 龙岩市博物馆(二层平面防火分区)

1. 开架中文图书区   4. 内院上空
2. 开架外文图书区   5. 连廊
3. 服务大厅上空

▨ 防火分区填充
■ 疏散楼梯填充
— 防火分区分界线

共5层,属于多层建筑。三层平面建筑面积为10428m²,按平面布局划分为4个防火分区,每个分区均能满足双向疏散。

图3-38 南京大学仙林校区杜厦图书馆(三层平面防火分区)

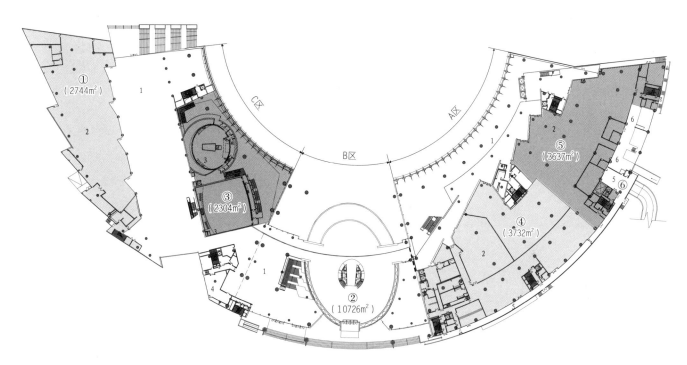

1. 大厅（中庭）
2. 展厅
3. 影院
4. 消防控制室
5. 避难走道
6. 装卸平台

防火分区填充
疏散楼梯填充
—— 防火分区分界线
--- 自动喷淋加密措施

主楼地上4层，每层局部设夹层，地下1层，最大高度为48.9m，属于二类高层建筑。一层平面建筑面积为21758m²，结合公共交通及功能单元布局，划分为5个防火分区，每个分区均能疏散至大厅或室外。

与A区、B区、C区相连通的中庭，构成防火分区②。大厅（中庭）与其他区域之间进行防火分隔，装修均采用不燃材料，作为人员交通、集散、休息场所，不设置营业性服务。

A区设5部消防电梯，C区设2部，均与防烟楼梯间合用前室。展览厅每个防火分区建筑面积控制在4000m²以内。展厅靠外墙一侧增设避难走道，连通疏散楼梯间及室外避难走道，并设置火灾自动报警系统，自动喷水灭火系统和机械防烟，形成独立防火分区⑥。在A、B、C三区中庭连接桥廊处及A区中庭沿每层开口部位，设置自动喷淋加密措施。

图 3-39　上海科技馆
（一层平面防火分区）

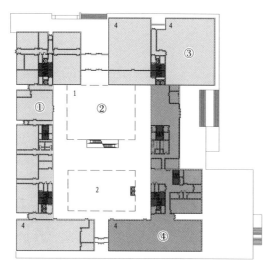

a 一层平面

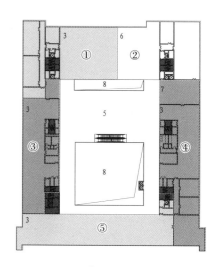

b 二层平面

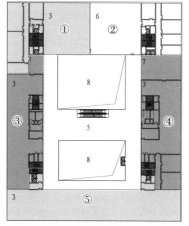

c 三层平面

图 3-40　吉林省图书馆新馆 防火分区

1.入口大厅	5.自修区
2.休闲区	6.检索区
3.阅览区	7.休息区
4.图书室	8.上空

防火分区填充

防火分区填充

疏散楼梯填充

—— 防火分区分界线

图书馆为一类高层建筑，考虑该项目的特殊性、中庭防火分区和疏散方式的独特设计，对中庭防火分区作了进一步扩大设计。中庭高约 25m，贯通一至五层，建筑面积达 8650m²，难以按规范要求一次性采用防火墙和防火卷帘进行防火分区划分，仍将其作为一个独立防火分区考虑。建筑一层为入口大厅、休闲区，建筑面积为 4706.41m²；二、三层为自修区，建筑面积分别为 1578m²、1675m²；四层走廊建筑面积为 690m²。

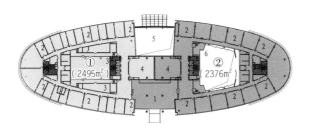

地上共8层，属于二类高层建筑。二层平面建筑面积为4523m²，对称划分为2个防火分区，每个分区均能满足双向疏散。

1. 屋顶平台
2. 办公室
3. 设备间
4. 会议室
5. 中庭上空
6. 会议室上空

☐ 防火分区填充
■ 疏散楼梯填充
— 防火分区分界线

图3-41　深圳机场信息指挥大楼（二层平面防火分区）

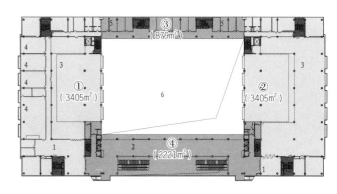

地上共3层，属于多层建筑。二层平面建筑面积为9911m²，结合平面及功能布局划分为4个防火分区，每个分区均能满足双向疏散。

1. 过厅
2. 休息厅
3. 展厅
4. 会议室
5. 办公室
6. 展厅上空

☐ 防火分区填充
■ 疏散楼梯填充
— 防火分区分界线

图3-42　西安国际展览中心（二层平面防火分区）

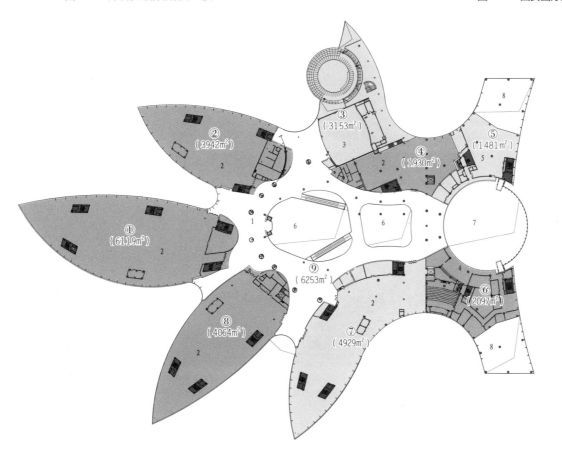

1. 环廊　　5. 实验室
2. 展厅　　6. 中庭上空
3. 影院　　7. 门厅上空
4. 会议室　8. 展厅上空

☐ 防火分区填充
■ 疏散楼梯填充
— 防火分区分界线

主体共3层，局部5层，属于一类高层建筑。三层平面建筑面积为33967m²，结合各主题展区布局形式，划分为9个防火分区，每个展厅及功能区为1个防火分区，公共区域为1个防火分区。每个分区均独立设置安全疏散，且可通过公共区域相互连通。

**图3-43　广东科学中心
（三层平面防火分区）**

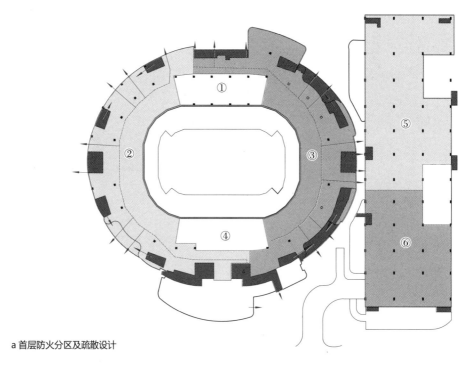

a 首层防火分区及疏散设计

防火分区填充

疏散楼梯填充

防火分区分界线

疏散方向

首层结合功能划分为 6 个防火分区，每个防火分区都设有足够的安全出口。二层设置 14 部直达室外地面的疏散楼梯。VIP 包厢沿体育馆环形布置，单个包厢建筑面积约为 60m²，包厢之间用耐火极限为 2.00h 的墙体进行分隔，并设置 FM$_{甲}$与环形走道及观众休息空间分开。

图3-44　广州国际体育演艺中心防火分区

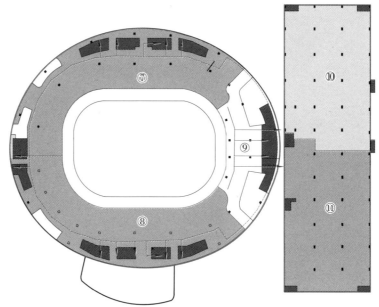

b 二层防火分区及疏散设计

民用建筑防火设计图示综合解析

P~art~ 4

安全疏散

Safety Evacuation

4. 安全疏散

4.1 安全疏散的原则

安全疏散内容包括安全出口和疏散门的安排、布置、形式、数量、宽度、距离等，影响到平面空间布局中功能的动态分区、交通流线组织等问题。民用建筑应根据其建筑高度、规模、使用功能和耐火等级等因素，合理设置安全疏散和避难设施。

4.1.1 安全出口设置的一般原则

1）每个防火分区的安全出口数量应≥2个。

2）安全出口和疏散门应分散设置，相邻两个安全出口及每个房间相邻两个疏散门最近边缘之间的水平距离≥5m。自动扶梯和电梯不应计作安全疏散设施。

3）疏散门应为向疏散方向开启的平开门。不应采用推拉门、卷帘门、吊门、转门和折叠门。人数不超过60人且每樘门的平均疏散人数≤30人的房间，其疏散门的开启方向不限。

4）托儿所、幼儿园的儿童用房，老年人活动场所和儿童游乐厅等儿童活动场所设置在高层（单/多层）建筑内时，应（宜）设置独立的安全出口。剧场、电影院、礼堂宜设置在独立的建筑内，确需设置在其他建筑内时，至少应设置1个独立的安全出口和

疏散楼梯。住宅建筑与其他使用功能的建筑合建时，住宅部分与非住宅部分（含商业服务网点）应分别设置安全出口。

4.1.2 水平方向的设计原则

靠各端：在建筑各体量的端部分散设置楼梯间，形成双向疏散。

靠电梯：至少将一个楼梯间靠近电梯厅，使平时、紧急路线相结合。

靠外墙：楼梯间靠建筑外墙并能开窗，能自然排烟散热，便于救援。

4.1.3 垂直方向的设计原则

1）上下通畅：垂直方向形成双向疏散，"上"能到屋顶避难，或转移到另一座楼梯间，"下"能到达底层，通到室外。除通向避难层错位的疏散楼梯外，建筑物中疏散楼梯间在各层平面中的位置不应改变。

2）流线清晰：高层主体与裙房楼梯间应各自设置，避免二者人流冲突，引起堵塞或意外。

3）设避难层（间）：建筑内用于人员暂时躲避火灾及其烟气危害的楼层（房间）。建筑高度>100m的公共建筑、住宅建筑应设置避难层（间）；高层病房楼应在二层及以上的楼层和洁净手术部设避难间。

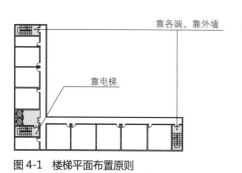

图4-1　楼梯平面布置原则

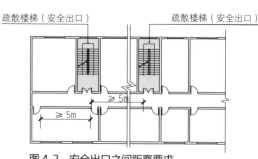

图4-2　安全出口之间距离要求

4.2 疏散楼梯间和安全出口的设置要求

疏散楼梯的基本要求 表 4-1

楼梯类别	踏步最小宽度（mm）	踏步最大高度（mm）	基本要求
住宅共用楼梯	260	175	1）应能天然采光和自然通风，并宜靠外墙设置；靠外墙设置时，楼梯间、前室及合用前室外墙上的窗口与两侧门、窗、洞口最近边缘的水平距离应≥1.0m； 2）不应设置烧水间、可燃材料储藏室、垃圾道； 3）不应有影响疏散的凸出物或其他障碍物； 4）封闭楼梯间、防烟楼梯间及其前室，不应设置卷帘； 5）不应设置甲、乙、丙类液体管道； 6）封闭楼梯间、防烟楼梯间及其前室内禁止穿过或设置可燃气体管道；敞开楼梯间内不应设置可燃气体管道，当住宅建筑的敞开楼梯间内确需设置可燃气体管道和可燃气体计量表时，应采用金属管和设置切断气源的阀门
幼儿园、小学校等楼梯	260	150	
电影院、剧场、体育馆、商场、医院、旅馆和大中学校楼梯	280	160	
其他建筑楼梯	260	170	
专用疏散楼梯＊	250	180	
服务楼梯、住宅套内楼梯	220	200	

注：①建筑内的公共疏散楼梯，两梯段及扶手间的水平净距宜≥150mm。
②"楼梯类别"中带＊者为《建筑设计防火规范》中的强制规定，其余为《民用建筑设计通则》中的相关规定。

封闭楼梯间的设置条件及要求 表 4-2

设置封闭楼梯间的建筑及部位		要求
公共建筑	高层	裙房、建筑高度≤32m 的二类高层公共建筑
	多层	下列多层公共建筑的疏散楼梯，除与敞开式外廊直接相连的楼梯间外，均应采用封闭楼梯间： 1）医疗建筑、旅馆、老年人建筑及类似使用功能的建筑； 2）设置歌舞娱乐放映游艺场所的建筑； 3）商店、图书馆、展览建筑、会议中心及类似使用功能的建筑； 4）≥6层的其他建筑
住宅建筑		21m＇<建筑高度≤33m
地下部分		室内地面与室外出入口地坪高差≤10m 或≤2层的（半）地下建筑（室）
汽车库		建筑高度≤32m

要求（续）：
1）不能自然通风或自然通风不能满足要求时，应设置机械加压送风系统或采用防烟楼梯间；
2）除楼梯间的出入口和外窗外，楼梯间的墙上不应开设其他门、窗、洞口；
3）高层建筑、人员密集的公共建筑，其封闭楼梯间的门应采用 FM_z，并应向疏散方向开启；其他建筑可采用双向弹簧门；
4）楼梯间的首层可形成扩大的封闭楼梯间，但应采用 FM_z 等与其他走道和房间分隔

防烟楼梯间的设置条件及要求　　　　　　　　　　　　表4-3

设置防烟楼梯间的建筑及部位		要求
公共建筑	一类高层、建筑高度＞32m 的二类高层	1）应设置防烟设施 2）前室可与消防电梯间前室合用 3）前室的使用面积：公共建筑 ≥ 6.0m²，住宅建筑 ≥ 4.5m²；与消防电梯间前室合用时，公共建筑 ≥ 10.0m²，住宅建筑 ≥ 6.0m² 4）前室及楼梯间的门应采用FM乙 5）防烟楼梯间及其前室的墙上可以开设用于疏散的FM乙、正压送风口、外窗，但不应开设其他门、窗、洞口（住宅建筑的前室可开设竖向井道的FM丙除外） 6）楼梯间的首层可形成扩大前室，应采用FM乙等与其他走道和房间分隔
住宅建筑	建筑高度＞33m	
地下部分	室内地面与室外出入口地坪高差＞10m 或＞3 层及以上的（半）地下建筑（室）	
汽车库	建筑高度＞32m	

剪刀楼梯间的设置条件及要求　　　　　　　　　　　　表4-4

建筑类型	设置条件	要求
公共建筑	高层公共建筑应分散设置疏散楼梯，确有困难且从任一疏散门至最近疏散楼梯间入口的距离≤10m 时，可采用剪刀楼梯间	1）楼梯间应为防烟楼梯间 2）梯段之间应设置耐火极限 ≥ 1.00h 的防火隔墙 3）楼梯间的前室应分别设置 4）楼梯间内的加压送风系统不应合用
住宅建筑	住宅单元应分散设置疏散楼梯，确有困难且任一户门至最近疏散楼梯间入口的距离≤10m 时，可采用剪刀楼梯间	1）应采用防烟楼梯间 2）梯段之间应设置耐火极限 ≥ 1.00h 的防火隔墙 3）楼梯间的前室不宜共用；共用时（二合一），前室的使用面积应≥6.0m² 4）剪刀楼梯间的前室或共用前室不宜与消防电梯的前室合用；合用时（三合一），合用前室的使用面积应 ≥ 12.0m²，且短边应 ≥ 2.4m 5）两个楼梯间的加压送风系统不宜合用，合用时应符合有关规定

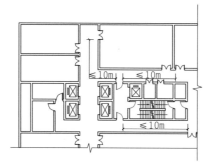

图 4-3　高层公共建筑设置剪刀楼梯间

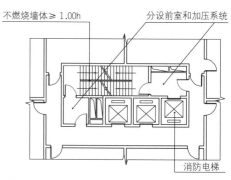

图 4-4　剪刀楼梯间分设前室

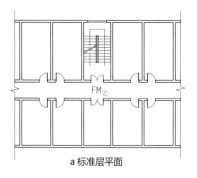

a 标准层平面

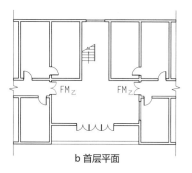

b 首层平面

图 4-5　首层扩大的封闭楼梯间

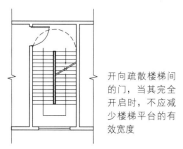

开向疏散楼梯间的门，当其完全开启时，不应减少楼梯平台的有效宽度

图 4-6　保证疏散楼梯平台的有效宽度

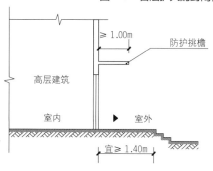

图 4-7　安全出口上方的防护挑檐

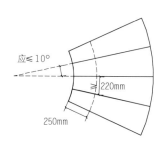

图 4-8　符合疏散要求的弧形楼梯

不同类型疏散楼梯间的适用情形　　　　　　　　　　　　表 4-5

楼梯类型	敞开楼梯间	封闭楼梯间	防烟楼梯间
平面图示			
住宅建筑	$H \leq 21m$（与电梯井相邻的疏散楼梯应采用封闭楼梯间，当户门为 FM_z 时仍可采用敞开楼梯间）	$27m < H \leq 33m$（户门为 FM_z 时，可采用敞开楼梯间）	$H > 33m$（同一楼层或单元的户门不宜直接开向前室，确有困难时，开向前室的户门应 ≤ 3 樘，且应采用 FM_z）
公共建筑	$H \leq 24m$ 且层数 ≤ 5[①]	$24m < H \leq 32m$、裙房建筑	$H > 32m$ 的二类高层、一类高层、超高层建筑

注：① 表 4-2 所列多层公共建筑设置封闭楼梯间情形除外。

4.3　消防电梯及其他疏散设施

4.3.1　消防电梯

消防电梯能让消防队员快速接近着火区域，提高战斗力和灭火效果，还能运送伤员。消防电梯应分别设在不同的防火分区内，且每个防火分区应≥1台。

消防电梯应设前室，住宅建筑前室面积应≥4.50m²，公共建筑前室面积应≥6.00m²；当与防烟楼梯间合用前室时，住宅建筑≥6.00m²，公共建筑≥10m²。前室宜靠外墙设置，首层应经过长度≤30m的通道通向室外。除前室的出入口、前室内设置的正压送风口外，前室内不应开设其他门、窗洞口。前室门应采用$FM_\mathrm{乙}$，不应设置卷帘。消防电梯井、机房与相邻电梯井、机房之间，应采用耐火极限≥2.00h的防火隔墙隔开，隔墙上的门应为$FM_\mathrm{甲}$。

下列民用建筑应设置消防电梯：

1）建筑高度＞33m的住宅建筑；

2）一类高层公共建筑、建筑高度＞32m的二类高层公共建筑；

3）设置消防电梯的建筑的（半）地下室，埋深＞10m且总建筑面积＞3000m²的其他（半）地下建筑（室）。

4.3.2　辅助疏散设施

1）避难口

在袋形走道尽端地面或与袋形走道相连的阳台、凹廊地面，可开设≥700mm×700mm的洞口作为避难口。上、下层洞口的位置应错开，洞口设栏杆围护。

2）室外疏散楼梯

室外疏散楼梯满足下列条件时可作为辅助的防烟楼梯，其宽度可计入疏散楼梯总宽度内：

栏杆扶手的高度≥1.10m，楼梯的净宽度≥0.90m，倾斜角度≤45°。梯段和平台采用不燃材料制作，平台的耐火极限≥1.00h，梯段的耐火极限≥0.25h。室外楼梯的门采用$FM_\mathrm{乙}$，向外开启。除疏散门外，楼梯周围2m内的墙面上不应设置门、窗洞口。疏散门不正对梯段。

3）缓降器

平时安装在阳台、窗旁或女儿墙上，吊带绳按楼层高度配设，绳的两端各有一个绳套可循环使用。火灾时将吊带绳套系在身上，扔下绳盘，跨到室外，人以0.5m/s的速度下降，到达地面时，绳盘另一端的吊带绳套又上升到原来的高度，供循环使用。

图4-9　消防电梯布置示意

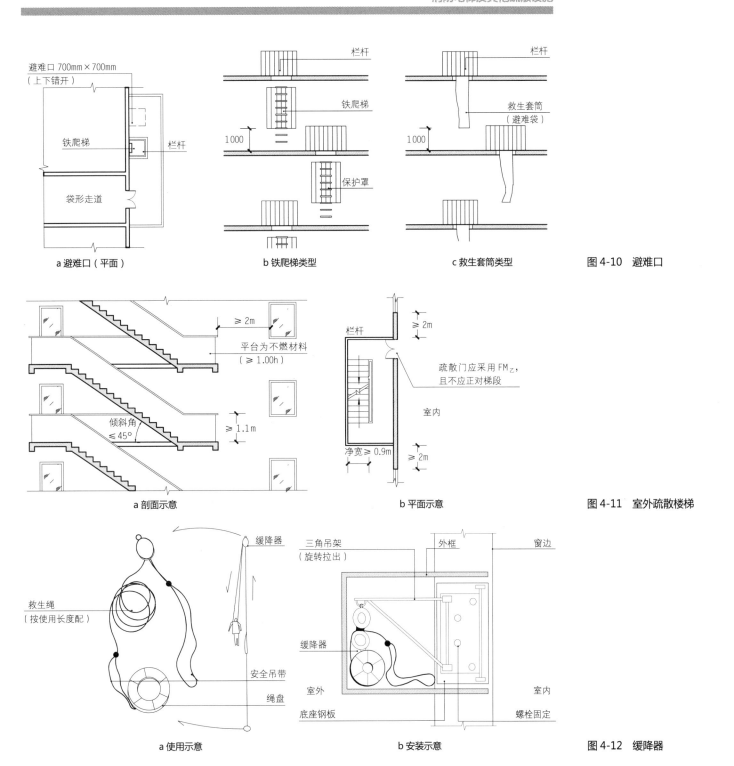

避难口 700mm×700mm
（上下错开）

铁爬梯

栏杆

袋形走道

a 避难口（平面）

栏杆

铁爬梯

1000

保护罩

b 铁爬梯类型

栏杆

救生套筒
（避难袋）

1000

c 救生套筒类型

图 4-10　避难口

≥ 2m

平台为不燃材料
（≥ 1.00h）

倾斜角
≤ 45°

≥ 1.1m

a 剖面示意

栏杆

≥ 2m

疏散门应采用 FM$_乙$，
且不应正对梯段

室内

净宽 ≥ 0.9m　≥ 2m

b 平面示意

图 4-11　室外疏散楼梯

缓降器

救生绳
（按使用长度配）

安全吊带

绳盘

a 使用示意

三角吊架
（旋转拉出）

外框

窗边

缓降器

室外

底座钢板

室内

螺栓固定

b 安装示意

图 4-12　缓降器

4.4 疏散时间的要求

4.4.1 疏散时间与火灾发展之间的关系

疏散时间包括人员"可用疏散时间（T_{ASET}：危险到来时间）"和"必需疏散时间（T_{RSET}）"，若 $T_{ASET} > T_{RSET}$，则可认为人员能全部撤离到安全区域。人员必需疏散时间（T_{RSET}）由火灾感知时间（T_{cue}）、人员疏散响应时间（T_{reso}）和人员疏散行动时间（T_{trav}）组成，即 $T_{RSET} = T_{cue} + T_{reso} + T_{trav}$。

人员疏散行动时间（T_{trav}）与建筑内人员数量、疏散总宽度及人员行动速度有着直接的关系。其中，人员数量及疏散宽度根据计算得知；人员行动速度可根据国内外大量调查研究观测数据，归纳出人员疏散速度参数选取范围。

4.4.2 疏散时间计算示意

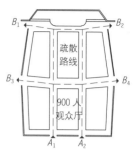

图4-14 某观众厅疏散时间计算

实例：某剧场观众疏散出观众厅时间计算

剧场耐火等级为二级，无楼座，容纳观众900人，观众厅两侧各有可以通过3股人流的疏散门2个，要求2min内疏散完毕，能否完成？设人员移动速度为0.8m/s。利用公式：

$T_t = N / (A \times B) = 900 / (0.8 \times 3 \times 4) = 93.75s < 120s$

式中：T_t——疏散时间；N——疏散总人数；A——单股人流移动速度；B——疏散口可通过人流总股数。

结论：可在规定时间内（2min，即120s）完成疏散。

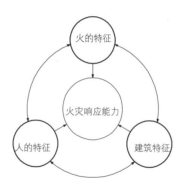

图4-13 火灾响应能力模型

安全疏散允许的时间（min）		表4-6
建筑及使用场所	建筑耐火等级	
	一、二级	三级
高层建筑	7	—
一般民用建筑	6	2～4
观众厅内	2	1.5
体育馆	3～4	—
站台层	6	—
其他密集场所	5	3
地下商场	3	—

注：安全疏散允许时间，是指建筑物发生火灾时，人员离开着火建筑物到达安全区域的时间，它是确定安全疏散距离、疏散通道宽度、安全出口数量的重要依据。

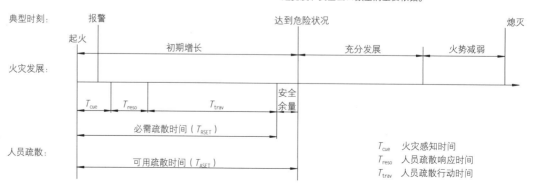

图4-15 火灾安全疏散的时间分布图

T_{cue} 火灾感知时间
T_{reso} 人员疏散响应时间
T_{trav} 人员疏散行动时间

4.5 住宅建筑的安全疏散

4.5.1 安全出口个数

住宅建筑安全出口的设置应结合建筑高度、建筑面积等因素确定。住宅建筑高度＞54m时，每个单元至少应有2个安全出口；住宅建筑高度≤54m时，符合相关规定每个单元可设置1个安全出口。

4.5.2 疏散距离及安全出口设置

住宅建筑的疏散楼梯间形式应根据建筑形式、建筑高度、建筑面积以及套房户门的耐火等级等因素确定。楼梯间应在首层直通室外，或在首层采用扩大的封闭楼梯间或防烟楼梯间前室。当住宅层数≤4层时，可将对外出口设置在距离楼梯间≤15m处。

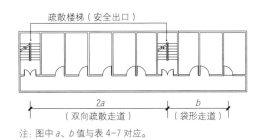

注：图中a、b值与表4-7对应。

图4-16 房间门的疏散距离

住宅建筑的疏散距离（m） 表4-7

类别	位于两个安全出口之间的户门（a）			位于袋形走道两侧或尽端的门（b）		
	一、二级	三级	四级	一、二级	三级	四级
单、多层	40	35	25	22	20	15
高层	40	—	—	20	—	—

注：①开向敞开式外廊的户门至最近安全出口的最大直线距离，可按本表规定增加5m。
②直通疏散走道户门至最近敞开楼梯间的直线距离，当户门位于两个楼梯间之间时，应按本表规定减少5m；当户门位于袋形走道两侧或尽端时，应按本表规定减少2m。
③住宅建筑物内全部设置自动喷水灭火系统时，其安全疏散距离可按本表的规定增加25%。
④跃廊式住宅的户门至最近安全出口的距离应从户门算起，小楼梯段的距离可按其水平投影长度的1.50倍计算。
⑤户内任一点至直通疏散走道的户门的直线距离，不应大于本表规定的袋形走道两侧或尽端的疏散门至最近安全出口的最大直线距离。

4.5.3 疏散距离

1）住宅标准层的疏散距离

住宅建筑疏散距离应符合表4-7的规定。户内任一点，至直通疏散走道的户门的直线距离，不应大于表中规定的袋形走道两侧或尽端的户门至最近安全出口的最大直线距离。

2）商业服务网点的疏散距离

设置商业服务网点的住宅建筑，其住宅部分和商业服务网点部分的安全出口和疏散楼梯应分别独立设置。

商业服务网点中每个分隔单元建筑面积应≤300m²；任一层建筑面积＞200m²时，该层应设置2个安全出口（任一层建筑面积≤200m²时，该层可只设置1个安全出口）。

每个分隔单元内任一点至最近的直通室外的出口的直线距离，不应大于表4-7中有关单、多层建筑位于袋形走道两侧或尽端的户门至最近安全出口的最大直线距离。

4.5.4 疏散宽度

住宅建筑户门和安全出口的净宽应≥0.90m，疏散走道、疏散楼梯和首层疏散外门的净宽应≥1.10m。住宅建筑高度≤18m时，一边设置栏杆的楼梯间，其净宽应≥1.0m。

条件①: 每层任一单元建筑面积≤650m²

条件②: 任一户门到安全出口距离≤15m

同时满足 2 个条件, 每个单元每层可只设 1 个安全出口

a H≤27m

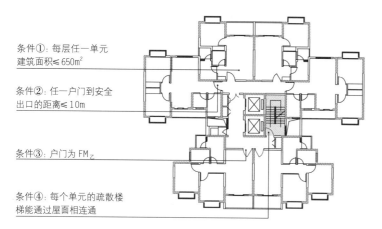

条件①: 每层任一单元建筑面积≤650m²

条件②: 任一户门到安全出口的距离≤10m

条件③: 户门为 FM_z

条件④: 每个单元的疏散楼梯能通过屋面相连通

同时满足 4 个条件, 每个单元每层可只设 1 个安全出口

b 27m＜H≤54m (单元式)

图 4-17 H≤54m 的住宅建筑每个单元可只设一个安全出口的条件

住宅建筑每个单元安全出口数量 表 4-8

住宅建筑高度 H	满足任一条件		每个单元安全出口数量
	每个单元任一层建筑面积	任一户门至安全出口距离	
$H≤27m$	＞650m²	＞15m	≥2 个
$27m＜H≤54m$	＞650m²	＞10m	≥2 个
$H＞54m$	—	—	≥2 个

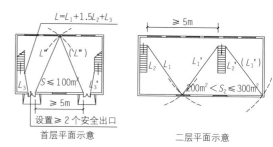

a 平面示意图 1

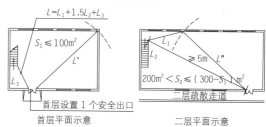

b 平面示意图 2

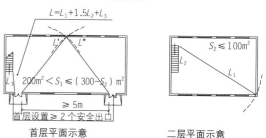

c 平面示意图 3

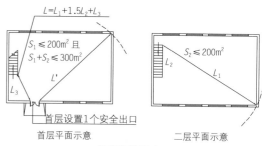

d 平面示意图 4

注: ①L (L'、L") 为商业服务网点中每个分隔单元内的任一点至最近安全出口的直线距离。
②商业服务网点每个分隔单元面积应≤300m², 任一层建筑面积＞200m² 时, 该层应设置 2 个安全出口或疏散门。
③室内楼梯距离按其水平投影 1.5 倍计算。

图 4-18 商业服务网点的安全疏散距离 (设置在首层及二层)

4.5.5　住宅建筑的楼梯间设计示意

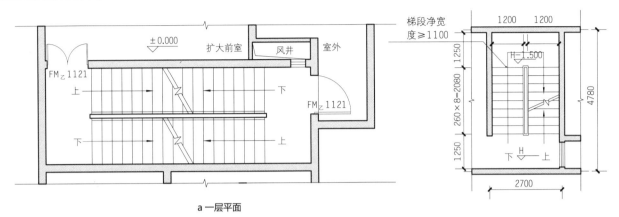

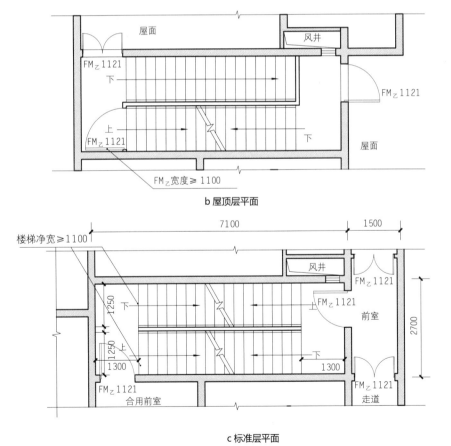

a 一层平面

b 屋顶层平面

c 标准层平面

图 4-19　楼梯间基本尺寸

图 4-20　剪刀楼梯基本尺寸

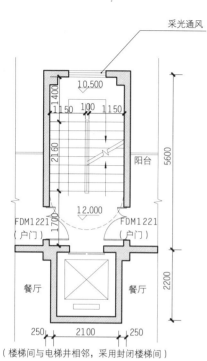

（楼梯间与电梯井相邻，采用封闭楼梯间）

图4-21 H≤21m的多层住宅楼梯、电梯布置示意

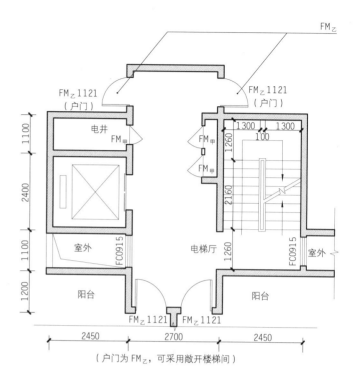

（户门为FM_z，可采用敞开楼梯间）

图4-22 21m＜H≤33m的住宅楼梯、电梯布置示意

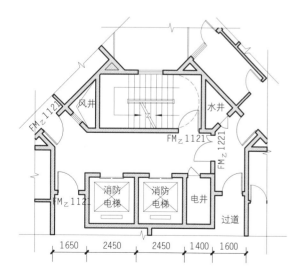

图4-23 33m＜H≤54m的高层住宅核心筒布置示例

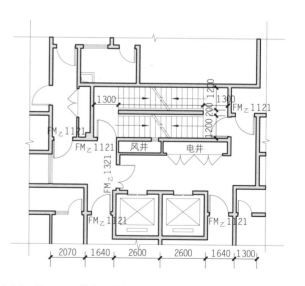

图4-24 H＞54m的高层住宅核心筒布置示例

4.5.6 高层住宅建筑的安全疏散

1）楼梯、电梯配置的相关规定

①电梯设置

电梯应在设有户门和公共走廊的每层设站，宜成组集中布置。候梯厅深度应不小于多台电梯中最大轿厢的深度，且宜≥1.50m。电梯不应紧邻卧室布置，当不得不紧邻兼起居室的卧室布置时，应采取隔声、减震的构造措施。

②电梯台数

建筑高度＞33m的住宅建筑，每一住宅单元设置电梯不应少于2台，其中一台按消防电梯设置且能够容纳担架。消防电梯应分设于不同防火分区，每个防火分区应≥1台。

③剪刀楼梯间

住宅单元的疏散楼梯分散设置确有困难，且从任一户门至最近安全出口的距离≤10m时，可采用剪刀楼梯，但应满足条件：楼梯间为防烟楼梯间；梯段之间采用耐火极限≥1.00h的不燃性实体墙分隔；两楼梯间的前室不宜共用，共用时（二合一前室）合用前室的使用面积应≥6.0m²；楼梯间前室或合用前室不宜与消防电梯前室合用，共用时（三合一前室）合用前室的使用面积应≥12.0m²，且短边应≥2.4m；楼梯间内的加压送风系统不宜合用。

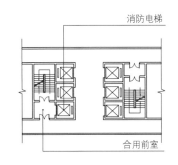

图4-26 客用电梯及消防电梯背向布置

消防电梯
合用前室

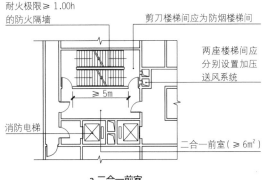

耐火极限≥1.00h的防火隔墙
剪刀楼梯间应为防烟楼梯间
两座楼梯间应分别设置加压送风系统
≥5m
消防电梯
二合一前室（≥6m²）

a 二合一前室

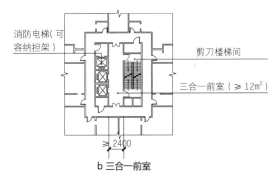

消防电梯（可容纳担架）
剪刀楼梯间
三合一前室（≥12m²）
≥2400

b 三合一前室

图4-27 高层住宅剪刀楼梯间合用前室的平面示意

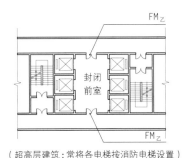

封闭前室
FMz
FMz

（超高层建筑：常将各电梯按消防电梯设置）

图4-25 封闭电梯厅

高层住宅设备用房的设置要求　　　　表4-9

设备用房	设置楼层	安全疏散	空间要求
锅炉房	首层或地下一层	直通室外或安全出口	不应布置在人员密集场所的上一层、下一层或贴邻，宜靠外墙部位设置
变配电室	首层或地下一层		
柴油发电机房	首层或地下一/二层	—	
消防控制室	首层或地下一层	直通室外	靠外墙、防水淹
消防水泵房	首层、地下一/二层或与室外地坪高差≤10m的地下楼层	直通室外或安全出口	防水淹

2）安全出口设置

①一般规定

每个住宅单元均作一个防火分区设计。安全出口应分散设置，每个防火分区的安全出口、每个单元每层的安全出口不应少于2个，且2个安全出口之间的水平距离应≥5m。扑救面范围内应设置直通室外的楼梯或出口。单元式住宅，每个住宅单元的疏散楼梯，均应通过屋面连通。

②住宅单元每层设置一个安全出口的条件

a. 建筑高度≤27m时，每一住宅单元任一层建筑面积≤650m²，且任一户门至安全出口的距离≤15m，每个住宅单元设置一座通向屋顶的疏散楼梯，各单元的楼梯应能通过屋顶相互连通。

b. 27m＜建筑高度≤54m时，每一住宅单元任一层建筑面积≤650m²，且任一户门至安全出口距离≤10m，每个住宅单元设置一座通向屋顶的疏散楼梯，各单元的楼梯应能通过屋顶相互连通。

3）疏散距离及特殊的户内房间

①标准层疏散距离

塔式和单元式住宅：户门至最近安全出口的距离应≤10m。

通廊式住宅：当每一住宅单元设有≥2个安全出口时，户门至最近安全出口的距离：两个安全出口之间≤40m，袋形走道两侧或尽端≤20m。户内任一点至其直通疏散走道的户门的距离≤20m。跃廊式住宅户门至最近安全出口的距离应从户门算起。

②首层疏散距离

楼梯间首层应直接对外，或将对外出口设置在距离楼梯间≤15m处。消防电梯前室在首层应直通室外的出口，或经过长度≤30m的通道通向室外。

③特殊的户内房间

54m＜建筑高度≤100m的住宅建筑，每户至少应有一间房间满足：靠外墙设置，设置可开启外窗，且内、外墙体的耐火极限应≥1.00h，该房间的门宜采用FM乙，外窗的耐火完整性宜≥1.00h。

高层住宅户门、疏散走道、楼梯间、安全出口（门）净宽（m）　　　表4-10

高层住宅	户门/安全出口	疏散走道/疏散楼梯/首层疏散外门	楼梯间平台深度	
			一般楼梯	剪刀楼梯
	≥0.9	≥1.10	1.2	1.3

高层住宅的分类、耐火等级和防火分区的面积要求　　　表4-11

高层住宅		建筑分类	允许建筑高度H（m）	耐火等级	每防火分区允许最大建筑面积（m²）
地上部分		一类	54＞H≤100	一级	1500
		二类	27＞H≤54	≥二级	
地下部分	（半）地下室	—	宜≤3层	一级	500
	（地下）设备用房	—	宜≤3层	一级	1000
	地下车库	—	—	一级	2000

注：设有自动灭火系统的防火分区，其允许最大面积可按本表增加1.00倍，局部设置自动灭火系统时，增加建筑面积可按该局部面积的1.00倍计算（设备用房除外）。

4.5.7 高层住宅建筑安全疏散案例解析

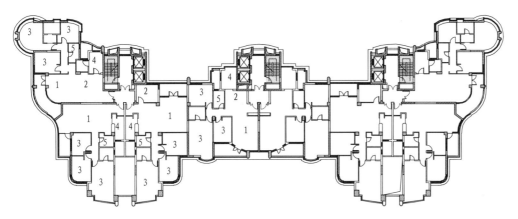

高 54.0m（18F），属二类高层单元式住宅建筑，3 个单元拼接，两侧单元 3 套 / 层，中间单元 2 套 / 层。每单元建筑面积＞650m²，各设置 1 部防烟楼梯间和 2 部电梯（均按消防电梯要求），合用前室均为 11.2m²，可自然排烟。

1. 客厅
2. 餐厅
3. 卧室
4. 厨房
5. 卫生间

图4-28　杭州绿园小区
（H=54.0m，单元式）

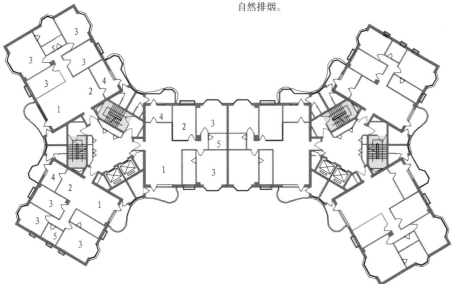

高 85.8m（30F），属一类高层单元式住宅建筑，2 个单元拼接，每个单元 3 套 / 层，各设置 2 部防烟楼梯间和 2 部电梯（均按消防电梯要求）。防烟楼梯间前室面积为 6.4m²，消防电梯前室面积为 9.2m²。疏散时先进入合用前室，再进入防烟楼梯间。

1. 客厅
2. 餐厅
3. 卧室
4. 厨房
5. 卫生间

图 4-29　大连星海国宝
（H=85.8m，单元式）

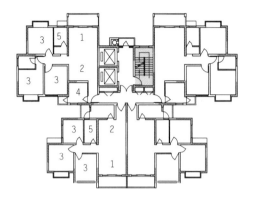

高 50.9m（18F），属二类高层塔式住宅，4套 / 层，设置 1 个剪刀梯，2 部电梯（均按消防电梯要求）。合用前室面积 9.4m²，可自然排烟。

1. 客厅
2. 餐厅
3. 卧室
4. 厨房
5. 卫生间

图4-30　广州金沙新社区Gb（H=50.9m,塔式）

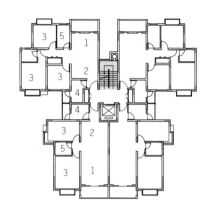

高 31.3m（11F），属于二类高层塔式住宅，4套 / 层，设置 1 个楼梯间和 1 部客梯。户门 FM乙，楼梯间为敞开楼梯间。

1. 客厅
2. 餐厅
3. 卧室
4. 厨房
5. 卫生间

图4-31　广州金沙新社区XGa（H=31.3m,塔式）

高 51.9m（16F），属二类高层通廊式住宅，10套 / 层，设置 1 个剪刀梯和 2 部电梯（均按消防电梯要求）。合用前室面积为 14.7m²（可自然排烟），单独前室面积为 6.65m²。最远套型 A_1、A_2 距最近安全出口距离为 14.75m，A_3、A_4 套至最近安全出口的距离为 11.06m，不满足规范≤10.0m 的要求。

1. 客厅
2. 餐厅
3. 卧室
4. 厨房
5. 卫生间

图4-32　昆明都市名典（H=51.9m,通廊式）

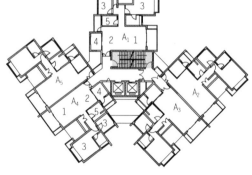

高 99.9m（33F），属一类高层塔式住宅建筑，5套 / 层。设置 1 个剪刀梯，2 部电梯（均按消防电梯要求）。剪刀梯分别形成单独前室和二合一前室，其面积分别为 5.4m² 和 17.8m²。套型 A_2、A_3 共用 1 道防火门，开向单独前室，A_1、A_4、A_5 户门为 FM乙（不超过 3 樘），直接开向二合一前室。

1. 客厅
2. 餐厅
3. 卧室
4. 厨房
5. 卫生间

图4-33　深圳星河时代花园（H=99.9m,塔式）

4.6 公共建筑的安全疏散

4.6.1 安全出口

1）安全出口数量

公共建筑内每个防火分区、一个防火分区内每个楼层，其安全出口的数量应经计算确定，且应≥2个。

2）只设置1个安全出口的情形

①除托儿所、幼儿园外，建筑面积≤200m²且人数≤50人的单层公共建筑或多层公共建筑的首层，可只设1个安全出口。

②除医疗建筑，老年人建筑，托儿所、幼儿园的儿童用房，儿童游乐厅等儿童活动场所，歌舞娱乐放映游艺场所等外，符合表4-13规定的公共建筑，可只设1个安全出口。

③设置不少于2部疏散楼梯的一、二级耐火等级多层公共建筑，如顶层局部升高，当高出部分的层数≤2层时，高出部分可只设1部楼梯，但应符合相关规定。

3）房间疏散门

公共建筑内每个房间疏散门的数量应≥2个，房间可只设置1个疏散门的情形包括：

①两个安全出口之间或袋形走道两侧的房间，托儿所、幼儿园、老年人建筑房间面积≤50m²；医疗建筑、教学建筑房间面积≤75m²；其他建筑房间面积≤120m²。

②走道尽端房间，除托儿所、幼儿园、老年人建筑、医疗建筑、教学建筑，应满足：门宽≥0.90m，且建筑面积<50m²；或门宽≥1.40m，建筑面积≤200m²，且房间内任意一点到疏散门直线距离≤15m。

③歌舞娱乐放映游艺场所，建筑面积≤50m²，且经常停留人数≤15人的厅室。

	剧场、电影院、礼堂和体育馆的观众厅或多功能厅的疏散门数量	表4-12

类型	座位数：A（人）	疏散门数量：B（个）
剧场、电影院、礼堂	当A≤2000时	$2≤B=A/250$
	当A>2000时	$2≤B=2000/250+（A-2000）/400$
体育馆	A	$2≤B=A/（400～700）$

注：疏散门数量应根据座位数计算确定，且应≥2个。

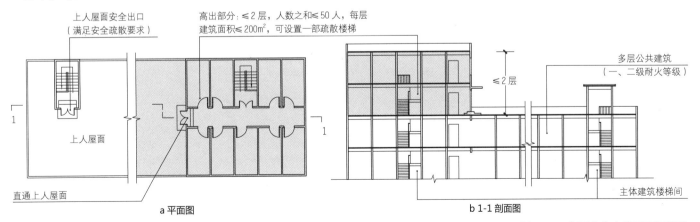

a 平面图   b 1-1 剖面图

图4-34 多层公共建筑顶层局部升高部分可设置一部疏散楼梯的情形

公共建筑设置 1 个安全出口的条件　　表 4-13

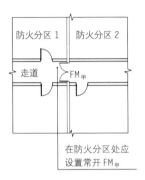

耐火等级	最多层数	每层最大建筑面积（m^2）	人数
一、二级	3 层	200	第二、第三层的人数之和≤ 50 人
三级	3 层	200	第二、第三层的人数之和≤ 25 人
四级	2 层	200	第二层人数≤ 15 人

防火分区 1
防火分区 2
走道
FM甲
在防火分区处应
设置常开 FM甲

图 4-35　疏散走道上防火分区处的防火门

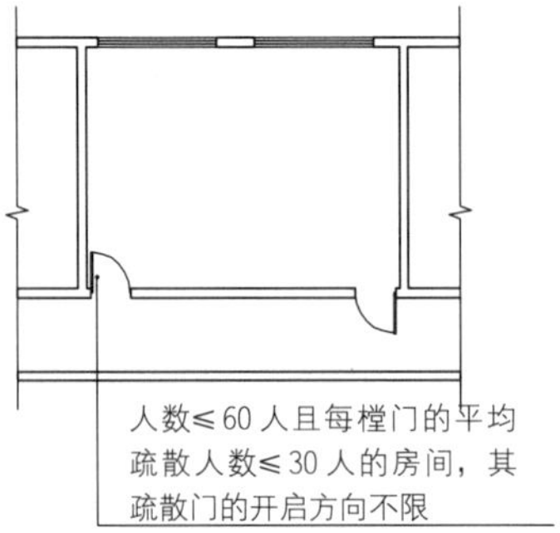

人数≤ 60 人且每樘门的平均
疏散人数≤ 30 人的房间，其
疏散门的开启方向不限

图 4-36　房间疏散门的开启方向

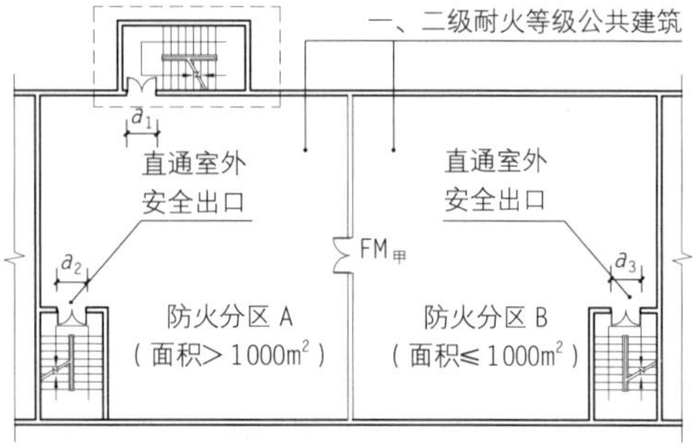

一、二级耐火等级公共建筑
a_1
直通室外
安全出口
直通室外
安全出口
FM甲
a_2
a_3
防火分区 A
（面积> 1000m^2）
防火分区 B
（面积≤ 1000m^2）

防火分区 A 建筑面积> 1000m^2 时，安全出口应≥ 2 个；防火分区 B 建筑面积≤ 1000m^2 时，安全出口≥ 1 个，可借用防火分区 A 进行疏散，但应满足：
1）FM甲净宽≤防火分区 B 所需疏散总净宽的 30%；
2）各层通向安全出口的总净宽（a_1+a_2+a_3）应≥该层所需疏散总净宽

图 4-37　一、二级耐火等级公共建筑借用相邻防火分区作为安全出口

以下建筑位于两个安全出口之间或袋形走道两侧的房间可设置 1 个疏散门：
1）托儿所、幼儿园、老年人建筑，建筑面积≤ 50m^2；
2）医疗建筑、教学建筑，建筑面积≤ 75m^2；
3）其他建筑或场所，建筑面积≤ 120m^2
歌舞娱乐放映游艺场所内的厅、室，满足下列条件时可设置 1 个疏散门：建筑面积≤ 50m^2 且经常停留人数≤ 15 人
s ≤ 50m^2
（1 个疏散门）
门净宽
≥0.90m
s ≤ 50m^2
（1 个疏散门）
最远点距离≤15m
门净宽
≥1.40m
s ≤ 200m^2
（1 个疏散门）
除托儿所、幼儿园、老年人建筑、医疗建筑、教学建筑外，以下位于走道尽端的房间满足下列条件之一可设置 1 个疏散门：
1）建筑面积≤ 50m^2 且疏散门的净宽度≥ 0.90m；
2）由房间内任一点至疏散门的直线距离≤ 15m 且建筑面积≤ 200m^2、疏散门净宽度≥ 1.40m

图 4-38　公共建筑房间设置一个疏散门的条件

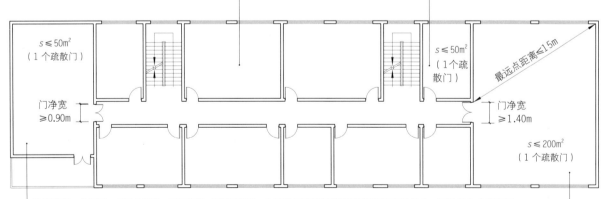

4.6.2 疏散距离

疏散距离包括：直通疏散走道的房间疏散门至最近安全出口的距离、空间内任意一点至最近房间疏散门的距离。楼梯间的首层应设置直通室外的安全出口，或在首层采用扩大封闭楼梯间或防烟楼梯间。当层数≤4层且未采用扩大的封闭楼梯间或防烟楼梯间前室时，可将直通室外的门设置在离楼梯间≤15m处。

公共建筑的疏散距离（m）   表 4-14

建筑类型			直通疏散走道的房间疏散门至最近安全出口的最大距离					
			位于两个安全出口之间的疏散门（a）			位于袋形走道两侧或尽端的疏散门（b）		
			耐火等级			耐火等级		
			一、二级	三级	四级	一、二级	三级	四级
托儿所、幼儿园、老年人建筑			25	20	15	20	15	10
歌舞娱乐放映游艺场所			25	20	15	9	—	—
医疗建筑	单、多层		35	30	25	20	15	10
	高层	病房部分	24	—	—	12	—	—
		其他部分	30	—	—	15	—	—
教学建筑	单、多层		35	30	25	22	20	10
	高层		30	—	—	15	—	—
高层旅馆、公寓、展览建筑			30	—	—	15	—	—
其他民用建筑	单、多层		40	35	25	22	20	15
	高层		40	—	—	20	—	—

注：①敞开式外廊建筑的房间疏散门至最近安全出口的直线距离，可按本表规定增加5m。
②直通疏散走道的房间疏散门至最近敞开楼梯间的直线距离，当房间位于两个楼梯间之间时，应按本表减少5m；当房间位于袋形走道两侧或尽端时，应按本表减少2m。
③建筑内设自动喷水灭火系统时，其安全疏散距离可按本表规定增加25%。
④房间内任一点到该房间直通疏散走道的疏散门的距离，应不大于本表规定的袋形走道两侧或尽端的疏散门至安全出口的最大距离。

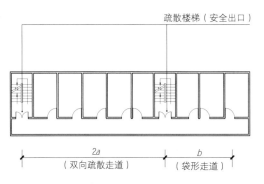

注：图中a、b值与表4-14对应。

图 4-39 房间门的疏散距离

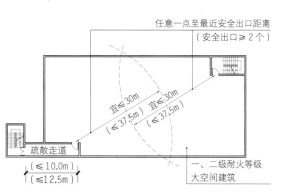

大空间（观众厅，展览厅，多功能厅，餐厅，营业厅等）内全部设置自动喷水灭火系统时，安全疏散距离可在30m（大空间内）和10m（经过疏散走道）的基础上增加25%，增加后分别为37.5m和12.5m。

图 4-40 大空间的疏散距离（一、二耐火等级建筑内）

4.6.3 疏散宽度

1）疏散宽度：疏散走道和疏散楼梯的净宽应≥1.10m，公共建筑内的疏散门和安全出口净宽、住宅建筑户门和安全出口的净宽均应≥0.90m。

2）疏散总人数计算：根据建筑面积与相应功能的人员密度系数的乘积，得出疏散总人数。

3）公共建筑疏散总宽度：根据需要疏散的总人数与每百人疏散需要的最小宽度的乘积，得出疏散总宽度。

示例： 某百货商业营业厅疏散计算

例：某耐火等级为一级的二层建筑，地上第二层防火分区建筑面积为 2000m² 的百货商业营业厅，计算该防火分区的安全出口疏散宽度。

①确定疏散总人数：

$N=S×D=2000m^2×0.6$ 人 $/m^2=1200$ 人

式中：N——疏散总人数（人）；S——本层商店营业厅建筑面积（m²）；D——商店营业厅人员密度（人 /m²，表 4-19）。

②确定疏散总宽度：

$W=N×E=1200$ 人 $×0.65m/100$ 人 $=7.80m$

注：W——安全出口总宽度（m）；N——疏散总人数（人）；E——安全出口宽度指标（m/ 百人，表 4-16）。

③根据疏散总宽度确定安全出口的数量和宽度。

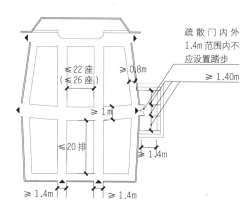

图 4-41 观众厅内的走道最小净宽、座位排布及疏散门设置

注：①观众厅内疏散走道的净宽度应按≥0.6m/ 百人计算，且应≥1.00m；边走道的净宽度宜≥0.80m。

②横走道之间座位排数宜≤20 排。纵走道之间的座位数：剧场、电影院、礼堂等，每排宜≤22 个；体育馆，每排宜≤26 个。前后排座椅的排距≤0.90m 时，可增加 1.0 倍，但应≤50 个。仅一侧有纵走道时，座位数应减少一半。

③疏散门不应设置门槛，净宽应≥1.40m，且紧靠门口的内外各 1.40m 范围内不应设置踏步。

④有候场需要的入场门不应作为观众厅的疏散门。

高层公共建筑楼梯间的首层疏散门、首层疏散外门净宽：医疗建筑≥1.30m，其他≥1.20m

高层公共建筑双面布房疏散走道的净宽：医疗建筑≥1.50m，其他≥1.40m

图 4-42 高层公共建筑的疏散净宽

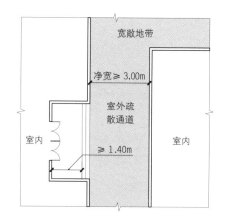

图 4-43 室外疏散通道宽度

首层疏散外门、楼梯间首层疏散门、走道、疏散楼梯最小净宽（m） 表 4-15

建筑类别		首层疏散外门、楼梯间的首层疏散门	走道		疏散楼梯
			单面布房	双面布房	
公共建筑	高层 医疗建筑	1.30	1.40	1.50	1.30
	高层 其他建筑	1.20	1.30	1.40	1.20
	单、多层	1.20	1.20		1.20
住宅建筑		1.10	1.10		1.10

注：①疏散楼梯净宽，是指墙至扶手中心线或相邻扶手中心线之间的距离。
②住宅建筑外走廊通道的最小净宽为 1.20m。

公共建筑每层每百人的最小疏散净宽（m/ 百人） 表 4-16

建筑层数及地坪高差		建筑耐火等级		
		一、二级	三级	四级
地上楼层	1~2 层	0.65	0.75	1.00
	3 层	0.75	1.00	—
	≥ 4 层	1.00	1.25	—
地下楼层	与地面出入口地面的高差 △ H≤ 10m	0.75	—	—
	与地面出入口地面的高差 △ H＞ 10m	1.00	—	—

注：①首层外门、楼梯的总净宽度应按疏散人数最多一层的人数计算。
②（半）地下人员密集的厅、室和歌舞娱乐放映游艺场所，其疏散宽度应按≥ 1.00m/ 百人计算确定。

剧场、电影院、礼堂、体育馆每百人的最小疏散净宽（m/ 百人） 表 4-17

分类		剧场、电影院、礼堂等		体育馆		
观众厅座位数（座）		≤ 2500	≤ 1200	3000 ~ 5000	5001 ~ 10000	10001 ~ 20000
耐火等级		一、二级	三级	一、二级		
疏散部位	门和走道 平坡地面	0.65	0.85	0.43	0.37	0.32
	门和走道 阶梯地面	0.75	1.00	0.50	0.43	0.37
	楼梯	0.75	1.00	0.50	0.43	0.37

歌舞娱乐放映游艺场所及展览厅的人员密度（人 /m²） 表 4-18

空间类型		人员密度
歌舞娱乐放映游艺场所	录像厅	1.0
	其他场所	0.5
展览厅		0.75

注：设有固定座位的场所，其疏散人数可按实际座位数的 1.1 倍计算。

商店营业厅的人员密度（人 /m²） 表 4-19

楼层位置	地下二层	地下一层	地上第一、二层	地上第三层	地上第四层及四层以上各层
人员密度	0.56	0.60	0.43~0.60	0.39~0.54	0.30~0.42

注：建材商店、家具和灯饰展示建筑的人员密度，可按本表规定值的 30% 确定。

4.6.4 （半）地下建筑（室）安全出口

（半）地下建筑（室）每个防火分区的安全出口数应经过计算，且应≥2个。相邻的两个安全出口最近边缘之间的水平距离，应≥5m。

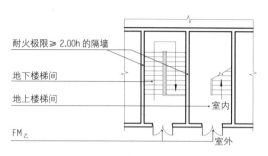

a 不共用底层楼梯间

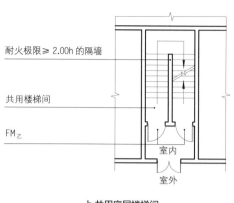

b 共用底层楼梯间

图 4-44 （半）地下与地上部分之间的楼梯间分隔

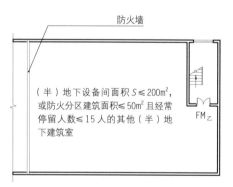

图 4-45 （半）地下设备间及其他房间设置一个安全出口

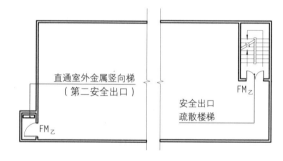

建筑面积≤500m²、使用人数≤30人，且埋深≤10m 的（半）地下建筑（室），当需要设置 2 个安全出口时，其中一个可利用直通室外的金属竖向梯。

图 4-46 （半）地下建筑（室）利用金属竖向梯作为第二安全出口

（半）地下建筑（室）安全出口数量 表 4-20

空间分类	经常使用人数（人）	每个防火分区允许的面积（m²）	埋深（m）	安全出口数量（个）
（半）地下建筑（室）、房间	≤30	≤500	≤10	2（其中一个可利为直通室外的金属竖向梯）
	≤15	≤50	—	1
（半）地下建筑设备间	—	≤200		1

注：不包括人员密集场所、歌舞娱乐放映游艺场所及规范中另有规定的建筑类型。

4.6.5 汽车库、修车库、停车场出口

人员安全出口和汽车疏散出口应分开设置。设在民用建筑内的汽车库，其车辆疏散出口应与其他部分的人员安全出口分开设置。

除建筑高度＞32m的高层汽车库、室内地面与室外出入口地坪的高差＞10m的地下汽车库应采用防烟楼梯间外，均应采用封闭楼梯间。疏散楼梯的宽度应≥1.10m。

1）人员安全出口

除室内无车道且无人员停留的机械式汽车库外，汽车库、修车库内每个防火分区的人员安全出口应≥2个，Ⅳ类汽车库和Ⅲ、Ⅳ类的修车库可设1个。

汽车库室内最远工作地点至楼梯间的距离应≤45m，当设有自动灭火系统时，距离应≤60m。单层或设在建筑物首层的汽车库，室内任一点至室外出口的距离应≤60m。

2）汽车疏散出口

汽车疏散出口数量应依据汽车库分类及停车数量确定（表4-21）。相邻两个汽车疏散口之间的水平距离应≥10m。汽车疏散坡道净宽应≥3m，双车道应≥5.5m。

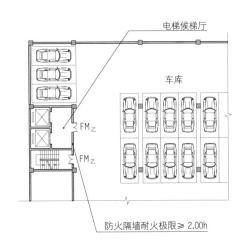

图4-47　直通汽车库的电梯应设置候梯厅

汽车库、修车库、停车场的汽车疏散出口数量（个）　　表4-21

防火分类	停车数量/汽车出口数量	汽车库		修车库	停车场	
Ⅰ类	停车数量（辆）	＞300		＞15	＞400	
	出口数量（个）	宜≥3		≥2	≥2	
Ⅱ类	停车数量（辆）	151~300		6~15	251~400	
	出口数量（个）	≥2		≥1	≥2	
Ⅲ类	停车数量（辆）	101~150（地上）	51~100	3~5	101~250	
	出口数量（个）	≥2（或1个双车道）	1个双车道	≥1	≥2	
Ⅳ类	停车数量（辆）	≤50		≤2	51~100	≤50
	出口数量（个）	≥1		≥1	≥2	≥1

4.6.6 体育建筑及观演建筑防火设计要点

1）体育建筑防火设计要点

①总平面布局

a. 出入口和内部道路

总出入口布置应明显，宜 ≥ 2 处，并以不同方向通向城市道路。观众疏散道路应避免集中人流与车流的相互干扰。

体育（场）馆的安全出口应均匀布置，独立的看台至少应有 2 个安全出口。观众出入口处应留有疏散通道和集散场地。体育场的安全疏散可利用首层屋面的平台，作为容纳大量疏散人员的第一安全地带，再通过室外大踏步下到地面。

观众疏散道路、观众出入口的有效宽度宜 ≥ 0.15m/ 百人的室外安全疏散指标。集散场地应 ≥ 0.2m² / 人，可充分利用道路、空地、屋顶、平台等。

体育场的每个安全出口的平均疏散人数宜 ≤ 1000 ~ 2000 人。体育馆的每个安全出口的平均疏散人数宜 ≤ 400 ~ 700 人（注：规模较小的设施宜接近下限值，规模较大的设施宜接近上限值）。

运动场地的对外出入口应 ≥ 2 处，满足人员出入方便、疏散安全和器材运输的要求。

b. 消防车道

应合理组织外部交通路线，做到分区明确，短捷合理。

周围的消防车道应环通，内部道路应满足消防车通行要求，净宽和净高应 ≥ 4m。因条件限制，可采取下列措施之一满足消防扑救：消防车在平台下部空间靠近建筑主体、消防车直接开入建筑内部、消防车到达平台上部接近建筑主体、平台上部设置消火栓。

②看台的安全出口及疏散走道

a. 观众席纵走道之间的连续座位数目，室内每排宜 ≤ 26 个，室外每排宜 ≤ 40 个。当仅一侧有纵走道时，座位数目应减半。

b. 体育（场）馆疏散走道的布局，应与观众席各分区容量相适应，且与安全出口联系顺畅。经过观众席中纵横走道通向安全出口的设计人流股数，与安全出口设计的通行股数，应符合"来去相等"的原则。在观众席位中不设横走道的情况下，通向安全出口的纵走道设计总宽度应与安全出口的设计总宽度相等。

c. 容量 > 6000 人或每个安全出口设计的通行人流股数 > 4 股时，宜在观众席位中设置横走道。

d. 一、二级耐火等级的体育（场）馆，其疏散宽度指标按表 4-23 计算。

e. 每个安全出口和疏散走道的有效宽度应符合计算，且满足：

安全出口宽度 ≥ 1.1m，出口宽度应为人流股数的倍数；≤ 4 股人流时，每股可按 0.55m/ 股设计，> 4 股人流时，可按 0.5m/ 股设计。

主要纵横过道 ≥ 1.1m（走道两边有观众席）；次要纵横过道 ≥ 0.9m（走道一边有观众席）；活动看台疏散设计与固定看台同等对待。

建筑内人员的行走速度（m/s）　　　　　　　表 4-22

状态	方向	男人	女人	儿童或老年人
紧急状态	水平行走	1.35	0.98	0.65
	由上向下	1.06	0.77	0.40
正常状态	水平行走	1.04	0.75	0.50
	由上向下	0.40	0.30	0.20

注：①特殊人群如儿童、老年人、病人等，其行走速度会慢得多。
②建筑中生成的火灾烟气的刺激性较大，或建筑物内缺乏足够的应急照明及疏散指示标志等，人员的行走速度将降低。

体育（场）馆的疏散宽度指标及疏散时间　　　　　表4-23

疏散部位	宽度指标 （m/百人）　观众座位数（个）		室内看台			室外看台		
			3000～5000	5001～10000	10001～20000	20001～40000	40001～60000	≥60001
门、走道	平坡地面		0.43	0.37	0.32	0.21	0.18	0.16
	阶梯地面		0.50	0.43	0.37	0.25	0.22	0.19
楼梯			0.50	0.43	0.37	0.25	0.22	0.19
疏散时间（min）			≤3	≤3.5	≤4	≤6	≤7	≤8

注：表中较大座位数档次按规定指标计算出来的总宽度，不应小于相邻较小座位数档次按其最多座位数计算出来的疏散总宽度。

2）剧场建筑、电影院建筑防火设计要点

剧场建筑、电影院建筑防火设计要点　　　　　表4-24

	剧场建筑	电影院建筑
总平面	1）总平面布局应分区明确，人车分流，并提供消防车道、扑救场地和回车场。 2）基地应至少有一面邻接城市道路，道路通行宽度应≥剧场安全出口宽度的总和，并满足： ①≤800座时，应≥8m； ②801～1200座时，应≥12m； ③≥1201座时，应≥15m。 3）主要出入口前应按≥0.20m²/座留出集散空地，室外疏散及集散广场不得兼作停车场。 4）甲等和乙等的大型、特大型剧场应设消防控制室，位置宜靠近舞台，面积应≥12m²，并有对外的单独出入口	1）基地至少应有一面直接邻接城市道路，应有≥2个不同方向通向城市道路的出口。沿城市道路方向的长度应≥基地周长的1/6，与基地邻接的城市道路的宽度宜≥电影院安全出口宽度总和。城市道路宽度满足： ①与小型电影院连接，宜≥8m； ②与中型电影院连接，宜≥12m； ③与大型电影院连接，宜≥20m； ④与特大型电影院连接，宜≥25m。 2）主要出入口前应按≥0.20m²/座留出集散空地，室外疏散及集散广场不得兼作停车场。大型及特大型电影院的集散空地宜分散设置，深度应≥10m
防火分区及分隔	1）附建于剧场主体建筑的演员宿舍、餐厅、厨房等必须形成独立的防火分区，并单独设置疏散通道及出入口。剧场建筑与其他建筑合建或毗连时，应形成独立的防火分区，以防火墙分隔且不得开门窗洞；设门时应为FM甲，上下楼板耐火极限应≥1.5h。 2）舞台应划分为独立的防火分区。甲等和乙等的大型、特大型剧场舞台台口应设防火幕；超过800座的特等、甲等剧场及高层民用建筑中超过800座的剧场舞台台口宜设防火幕。舞台主台通向各处洞口均应设FM甲，或设置水幕。 3）舞台与后台部分的隔墙及舞台下部台仓的周围墙体的耐火极限应≥2.5h；疏散通道的隔墙耐火极限应≥1.00h	1）电影院设置在综合建筑内时，应形成独立的防火分区，并有单独的疏散通道及出入口。 2）放映机房应采用耐火极限≥2.0h的隔墙、≥1.5h的楼板与其他部位隔开，并应设置火灾自动报警和排烟措施
安全出口及疏散通道	1）观众厅出口应满足： ①出口应均匀布置，主要出口不宜靠近舞台； ②楼座与池座应分别布置出口，楼座不应穿越池座疏散。楼座独立的安全出口应≥2个，＜50座时可设1个出口。当楼座与池座疏散无交叉且不影响池座安全疏散时，楼座可经池座疏散。 2）后台直通向室外的出口应≥2个。 3）乐池和台仓出口应≥2个。 4）疏散通道穿行前厅及休息厅时，设置在前厅、休息厅的小卖部及存衣处不得影响疏散的畅通	1）应分区明确，组织短捷合理的交通路线，均匀布置安全出口，进出场人流应避免交叉和逆流。有候场需要的门厅，其内供入场使用的主楼梯不应作为疏散楼梯。 2）观众厅的疏散门应≥2个，门的净宽度应≥0.90m，采用向疏散方向开启的FM乙。 3）观众厅内疏散走道宽度除应符合计算外，还应满足： ①中间纵向走道净宽应≥1.0m； ②边走道净宽应≥0.8m； ③横向走道的通行净宽（除排距尺寸以外）应≥1.0m。 4）观众厅外的疏散穿越休息厅或门厅时，厅内分隔的空间及设施布置不应影响疏散的通畅，且保证2m净高内无障碍。 5）放映机房应有一外开门通至疏散通道，其楼梯和出入口不得与观众厅的楼梯和出入口合用
疏散时间	疏散出观众厅的时间	一、二级耐火等级≤2min；三级耐火等级≤1.5min
	疏散出建筑的时间	一、二级耐火等级≤5min；三级耐火等级≤3min

4.6.7　公共建筑安全疏散案例解析

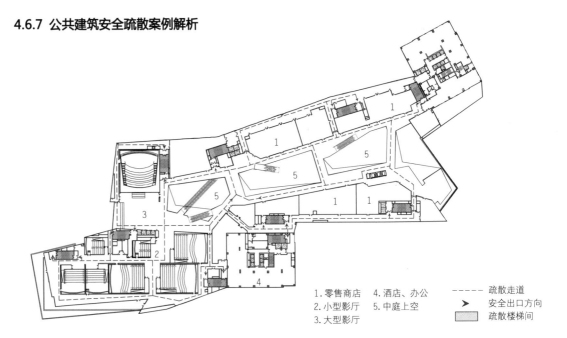

商业综合体裙房部分共5层，平面交通疏散围绕中庭展开，形成多个环状疏散走道，观演部分与商业部分相互连通，独立分区。

图4-48　重庆协信星光时代广场（五层平面）

1. 零售商店　　4. 酒店、办公　　-------- 疏散走道
2. 小型影厅　　5. 中庭上空　　　　➤　安全出口方向
3. 大型影厅　　　　　　　　　　　　 疏散楼梯间

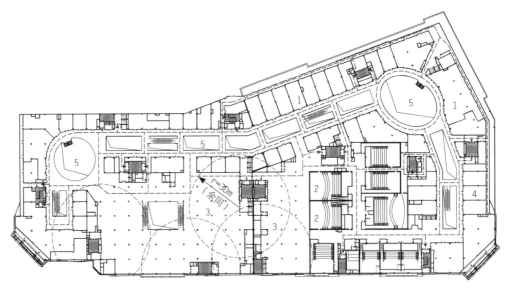

商业综合体裙房部分共4层，交通疏散围绕线形中庭展开，形成若干环状的疏散走道。各个功能单元既独立成区，又相互联系。同时，疏散楼梯间尽量靠外墙布置，拥有良好的自然采光和通风。

图4-49　泰州万达广场（三层平面）

1. 零售商店　　4. 餐饮　　　　-------- 疏散走道
2. 放映厅　　　5. 中庭上空　　　➤　安全出口方向
3. 百货商场　　　　　　　　　　　 疏散楼梯间

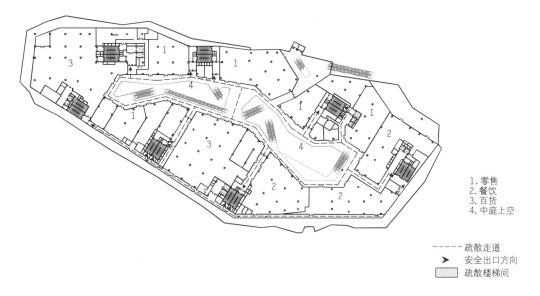

1. 零售
2. 餐饮
3. 百货
4. 中庭上空

----- 疏散走道
➤ 安全出口方向
▨ 疏散楼梯间

商业部分共 4 层，疏散楼梯沿着建筑外侧布置，拥有良好的自然通风和采光。建筑内部主要公共走道围绕着中庭展开，形成环状的疏散走道。

图4-50　福州五四北泰禾广场（三层平面）

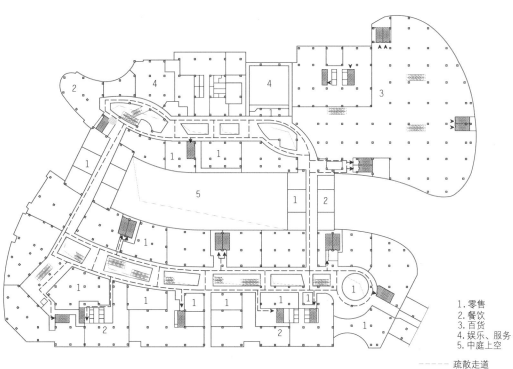

1. 零售
2. 餐饮
3. 百货
4. 娱乐、服务
5. 中庭上空

----- 疏散走道
➤ 安全出口方向
▨ 疏散楼梯间

商业部分共 4 层，其中两侧商业通过中央的天街进行联系，交通疏散围绕大型中庭以及两侧的线形中庭展开，从而形成多个环状的疏散走道。同时，各大空间内部拥有自己独立的疏散出口。

图4-51　重庆龙湖时代天街（三层平面）

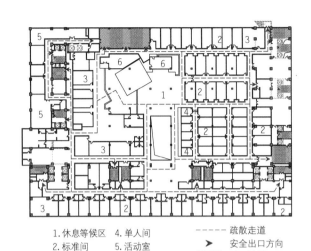

1.休息等候区　4.单人间
2.标准间　　　5.活动室
3.豪华套间　　6.前台服务

----- 疏散走道
➤ 安全出口方向
▨ 疏散楼梯间

地下1层，地上8层，属于一类高层建筑。其内部的疏散走道为环形与线形相结合。建筑内部的功能房间密集，形成多个环形疏散走道。

图 4-52　沈阳清水湾商务酒店（三层平面）

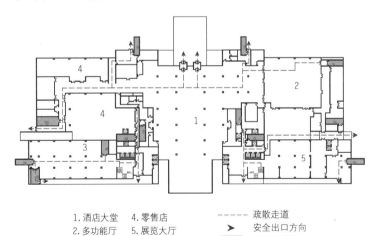

1.酒店大堂　4.零售店
2.多功能厅　5.展览大厅
3.餐厅

----- 疏散走道
➤ 安全出口方向
▨ 疏散楼梯间

一层平面设有多个大型空间，每个空间均设置独立的安全出口，大部分疏散楼梯间靠外墙布置，利于疏散和扑救。

图 4-53　黄山昱城皇冠假日酒店（一层平面）

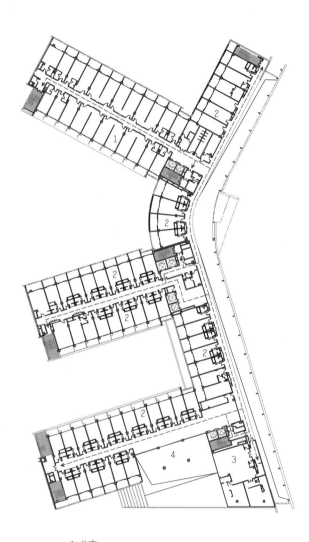

1.公寓
2.客房
3.会议室
4.大堂上空

----- 疏散走道
➤ 安全出口方向
▨ 疏散楼梯间

建筑由8层的服务式公寓和7层的商务酒店组成，属于二类高层建筑。客房层疏散走道呈线形，疏散楼梯间均位于各单元走道尽端，有利于防火分区划分和双向疏散，并形成分枝状的布局模式。

图 4-54　南京苏宁电器总部B区（二层平面）

总共 24 层，高 99.5m，属于一类高层建筑。平面围绕中央及两侧交通核，通过双廊组织病房、护士服务站并使之处于双廊之间，各功能房间外向布置。

1. 普通病房
2. 特殊监护室
3. 办公管理
4. 药物储藏

----- 疏散走道
➤ 安全出口方向
▨ 疏散楼梯间

图 4-55　哈尔滨医科大学附四院门诊外科楼
（十二、十三、十五层平面）

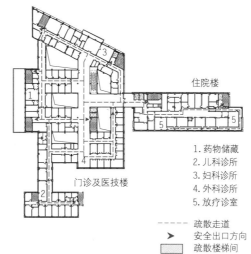

住院楼

门诊及医技楼

1. 药物储藏
2. 儿科诊所
3. 妇科诊所
4. 外科诊所
5. 放疗诊室

----- 疏散走道
➤ 安全出口方向
▨ 疏散楼梯间

由门诊及医技楼（3F）、住院楼（10F）组成，两部分功能空间通过 FM甲 进行分区和联系。门诊医技楼通过多个内廊、环道组织各科室。住院楼通过单内廊组织空间，满足双向疏散。

图 4-56　北川羌族自治县人民医院（三层平面）

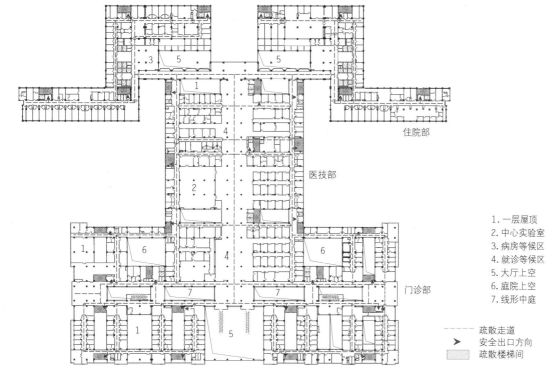

住院部

医技部

门诊部

1. 一层屋顶
2. 中心实验室
3. 病房等候区
4. 就诊等候区
5. 大厅上空
6. 庭院上空
7. 线形中庭

----- 疏散走道
➤ 安全出口方向
▨ 疏散楼梯间

由北区的住院部（10F）、中区的医技部（3F）和南区的门诊部（3F）组成。北区、南区通过中央的医技部的候诊区以及两侧的服务走道进行联系。住院部由诊疗及住院组成，各自划分防火分区，并结合单廊或双廊设置安全疏散，分区之间通过 FM甲 相联系。门诊部通过线形中庭的双廊及两侧服务走廊联系各个科室，各科室结合一层屋顶、大厅及中庭、庭院相互独立设置。住院部属于一类高层建筑，疏散楼梯均采用防烟楼梯间，尽量靠外墙设置。医技部和门诊部共 3 层，属于裙房，楼梯均采用封闭楼梯间，未靠外墙设置的楼梯间设置为防烟楼梯间。

图 4-57　山西临汾新医院（二层平面）

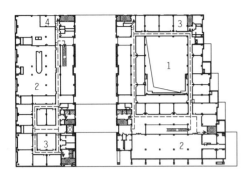

----- 疏散走道
➤ 安全出口方向
▨ 疏散楼梯间

1. 新闻发布厅上空
2. 会议大厅
3. 记者工作室
4. 展览大厅

a 二层平面图

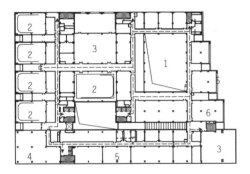

----- 疏散走道
➤ 安全出口方向
▨ 疏散楼梯间

1. 新闻发布厅上空
2. 演播室
3. 小型新闻发布厅
4. 集成测试实验室
5. 记者工作室

b 三层平面图

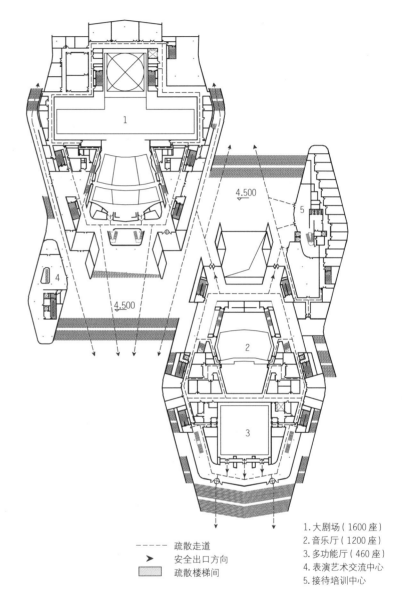

----- 疏散走道
➤ 安全出口方向
▨ 疏散楼梯间

1. 大剧场（1600 座）
2. 音乐厅（1200 座）
3. 多功能厅（460 座）
4. 表演艺术交流中心
5. 接待培训中心

地下 1 层，地上 4 层，属于多层建筑。二层平面空间分为东、西两大部分，西侧的为环形与线形相结合的疏散走道，东侧围绕核心媒体空间所形成的环状疏散走道，连通周围各空间。疏散楼梯间靠近中庭与外墙布置，具有良好的自然采光和通风条件。三层平面空间主要为线形的疏散通道，连通各个不同功能的办公会议与新闻媒体用房，疏散走道相互结合形成环状。

图 4-58 深圳大运会国际广播电视新闻中心

地下 1 层，地上 4 层，建筑高度 39.5m。剧场部分主要结合门厅、等候厅、走道等公共空间形成疏散通道，后勤设备部分布置环形疏散通道，室内楼梯间与室外大台阶和直跑楼梯共同作为有效的疏散通道。建筑由 1、4 功能区和 2、3、5 功能区两个体量构成，通过 4.50m 标高平面分别在南北向设置主要出入口。两个体量内部分别设置环形走道，不同功能区自成一体又相互联系，室内楼梯可疏散至 4.50m 标高的公共室外平台，并通过大台阶和直跑楼梯疏散至室外。

图 4-59 青岛大剧院（一层平面，4.50m 标高）

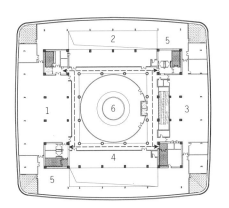

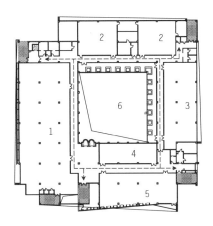

1. 西医类阅览厅　　4. 周刊阅览室
2. 藏书库　　　　　5. 电子阅览室
3. 中医类阅览厅　　6. 庭院上空

地下1层，地上6层，属于多层建筑。内部环形疏散走道围绕中庭布置，疏散楼梯间位于走廊端部，功能分区明确，便于疏散时发现安全出口。

----- 疏散走道
➤ 安全出口方向
▨ 疏散楼梯间

1. 文学类阅览厅　　4. 杂志阅览室
2. 报刊阅览室　　　5. 藏书库
3. 医学类阅览厅　　6. 展示大厅

图 4-61　泸州市医学院城北校区图书馆（一层平面）

地下1层，地上4层，属于多层建筑。三层平面内部的环形走道围绕着中庭布置，串连起各阅览、藏书空间，疏散楼梯间位于走道尽端，安全疏散简洁明确。

图 4-60　南京金陵图书馆（三层平面）

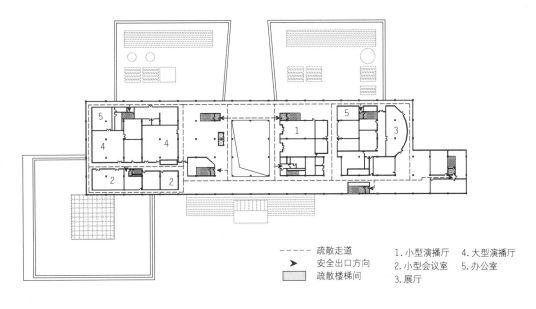

地下1层，地上8层，属于一类高层建筑。建筑由4个部分组成：档案库、成就厅、规划展览馆、可持续设计中心。各空间由内廊和外廊共同串连起来，中央及两侧均设置疏散楼梯间，形成多个环形疏散通道。

----- 疏散走道
➤ 安全出口方向
▨ 疏散楼梯间

1. 小型演播厅　　4. 大型演播厅
2. 小型会议室　　5. 办公室
3. 展厅

图 4-62　苏州工业园区档案管理中心大厦（七层平面）

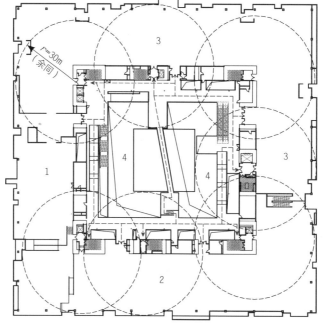

地下 1 层，地上 5 层，属于多层建筑。四周的各个展览空间通过中央的环形走道联系在一起，每个展览空间均设置独立的安全出口。

图4-63 广东省博物馆
（四层平面）

1. 展览前厅
2. 书画、木雕艺术馆
3. 临时展览库房
4. 中庭上空

----- 疏散走道
➤ 安全出口方向
▨ 疏散楼梯间

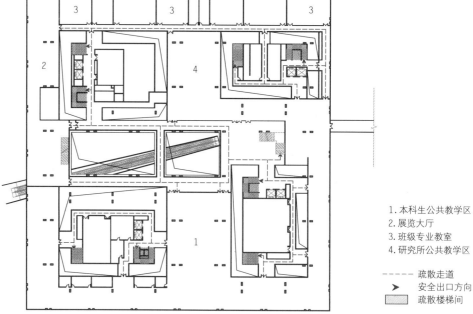

地下 1 层，地上 7 层，属于二类高层建筑，内部有多处上下贯通的中庭空间，疏散楼梯间靠近通高的中庭布置，各个功能单元邻近中庭设置安全出口，均可保证双向疏散。

图4-64 香港知专设计学院
（七层平面）

1. 本科生公共教学区
2. 展览大厅
3. 班级专业教室
4. 研究所公共教学区

----- 疏散走道
➤ 安全出口方向
▨ 疏散楼梯间

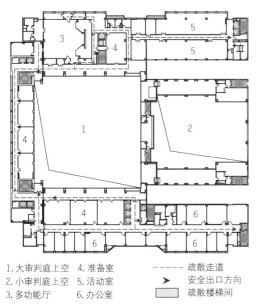

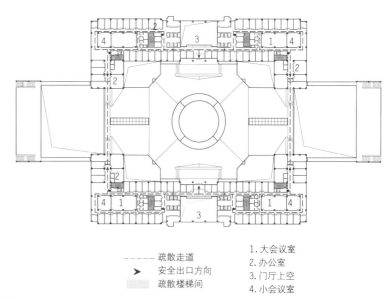

1. 大审判庭上空　4. 准备室　　　----- 疏散走道
2. 小审判庭上空　5. 活动室　　　➤ 安全出口方向
3. 多功能厅　　　6. 办公室　　　▨ 疏散楼梯间

地下1层，地上8层，属于二类高层建筑。四层平面通过内外走廊相互连接，组成了线形与环形的疏散通道，疏散楼梯间位于走道的端头和转折处，均靠近外墙布置。

图4-65　北京市高级人民法院（四层平面）

----- 疏散走道　　　1. 大会议室
➤ 安全出口方向　　　2. 办公室
▨ 疏散楼梯间　　　　3. 门厅上空
　　　　　　　　　　4. 小会议室

地下2层，地上12层，属于一类高层建筑。建筑主要体量分为南、北两部分，平面疏散走道均为内廊式，且在二层平面形成环形走道，使南北两楼相联系。

图4-66　西安市新行政中心（二层平面）

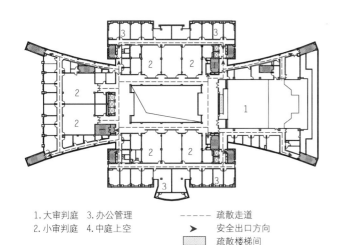

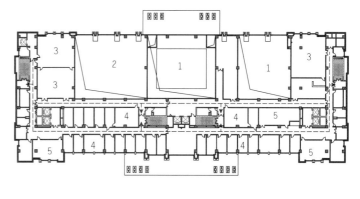

1. 大审判庭　　3. 办公管理　　----- 疏散走道
2. 小审判庭　　4. 中庭上空　　➤ 安全出口方向
　　　　　　　　　　　　　　　▨ 疏散楼梯间

地下1层，地上12层，属于一类高层建筑。内部疏散走道为内外廊结合式，围绕中庭的疏散走道呈环形，并与周围审判庭的疏散流线相结合，构成多个环形疏散通道。疏散楼梯间大多位于走道尽端，满足双向疏散。

图4-67　合肥市中级人民法院综合审判技术大楼（三层平面）

----- 疏散走道　　1. 门厅上空　　4. 办公室
➤ 安全出口方向　2. 大型法庭上空　5. 会议室
▨ 疏散楼梯间　　3. 中型法庭

地下1层，地上16层，属于一类高层建筑。交通核心位于平面中央，疏散走道呈线形，为双廊形式，走道中部及尽端设置疏散楼梯间。

图4-68　唐山市中级人民法院（二层平面）

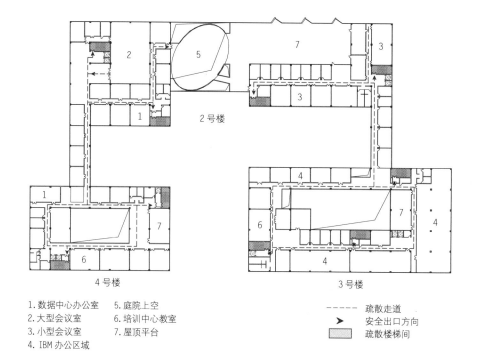

建筑体量分为三部分：2号楼为7层的数据中心及培训大楼，属于一类高层建筑；3号楼为7层的IBM办公大楼，属于二类高层建筑；4号楼为8层的培训中心，属于一类高层建筑。其中，3号、4号楼内部为环形疏散走道，2号楼内部为线形的走道串连起各功能用房，并通过东、西两侧辅楼联系3号、4号楼。各建筑疏散楼梯间靠外墙与内庭院布置，可保证自然采光与通风，并满足双向疏散。

图4-69　重庆西永软件园
（三层平面）

1. 数据中心办公室　5. 庭院上空
2. 大型会议室　　　6. 培训中心教室
3. 小型会议室　　　7. 屋顶平台
4. IBM办公区域

- - - - -　疏散走道
➤　安全出口方向
▨　疏散楼梯间

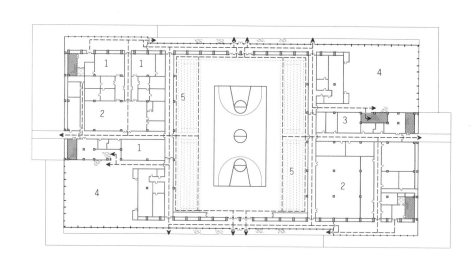

篮球馆共2层，并以中央的篮球场为核心，东、西两侧看台均有明确的线状疏散走道，南、北两面为主要出入口。同时，体育场两侧的后勤部分也有其独立的疏散通道和安全出口。

图4-70　天津大学体育馆
（一层平面）

1. 小型训练室　　4. 入口大堂
2. 大型训练室　　5. 观众席
3. 后勤管理

- - - - -　疏散走道
➤　安全出口方向
▨　疏散楼梯间

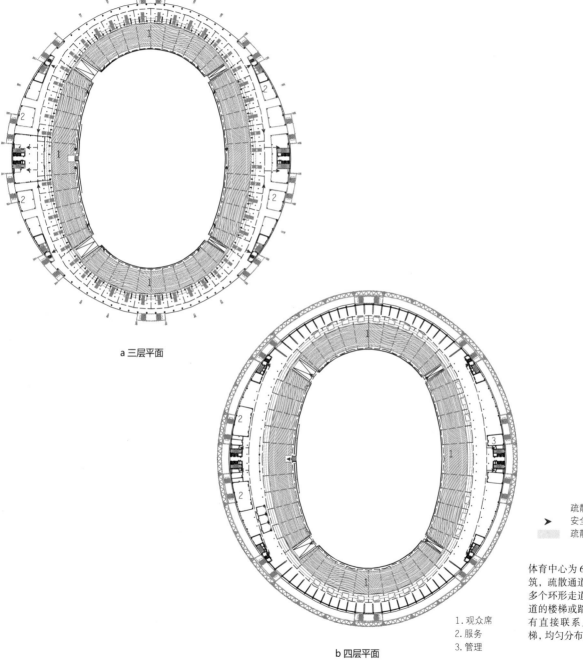

a 三层平面

b 四层平面

1.观众席
2.服务
3.管理

疏散走道
安全出口方向
疏散楼梯间

体育中心为 6 层的大型体育建筑，疏散通道围绕观众席形成多个环形走道，并联系内外环道的楼梯或踏步。建筑外围设有直接联系上下层的室外楼梯，均匀分布在疏散走道外侧。

图4-71 山西体育中心

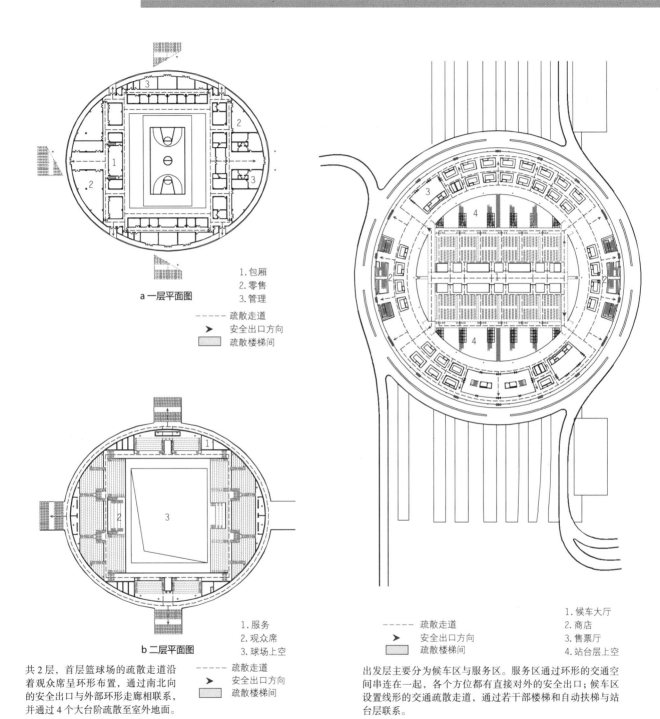

a 一层平面图

1. 包厢
2. 零售
3. 管理

----- 疏散走道
➤ 安全出口方向
▨ 疏散楼梯间

b 二层平面图

1. 服务
2. 观众席
3. 球场上空

----- 疏散走道
➤ 安全出口方向
▨ 疏散楼梯间

共2层，首层篮球场的疏散走道沿着观众席呈环形布置，通过南北向的安全出口与外部环形走廊相联系，并通过4个大台阶疏散至室外地面。

图4-72　重庆石柱县体育中心

----- 疏散走道
➤ 安全出口方向
▨ 疏散楼梯间

1. 候车大厅
2. 商店
3. 售票厅
4. 站台层上空

出发层主要分为候车区与服务区。服务区通过环形的交通空间串连在一起，各个方位都有直接对外的安全出口；候车区设置线形的交通疏散走道，通过若干部楼梯和自动扶梯与站台层联系。

图4-73　上海铁路南站主站屋（出发层平面）

4.7 超高层建筑安全疏散及避难

4.7.1 避难层（间）

建筑高度＞100m 的公共建筑、住宅建筑，应设置避难层（间），并应符合下列规定：

第一个避难层（间）的楼地面至灭火救援场地地面的高度应≤50m，两个避难层（间）之间的高度宜≤50m。通向避难层的防烟楼梯应在避难层分隔、同层错位或上下层断开；楼梯间和出入口处应设明显的指示标志。所有避难层能够容纳的总人数按建筑总人数设计，避难间净面积应能满足设计避难人数避难的要求，并宜按 5.00 人 $/m^2$ 计算。

避难层应设消防电梯出口，并应设置直接对外可开启窗口或独立的机械防烟措施，外窗应采用 $FC_乙$。避难层兼作设备层时，设备管道宜集中布置，易燃、可燃液体或气体管道应集中布置，采用 ≥3.00h 的防火隔墙与避难区分隔。设备管道区、管道井和设备间应采用 ≥2.00h 的防火隔墙与避难区分隔。管道井和设备间的门不应直接开向避难区，确需直接开向避难区时，与避难间出入口距离应 ≥5m，且应采用 $FM_甲$。避难层（间）应设消防专线电话、应急广播和应急照明，并设消火栓和消防卷盘。

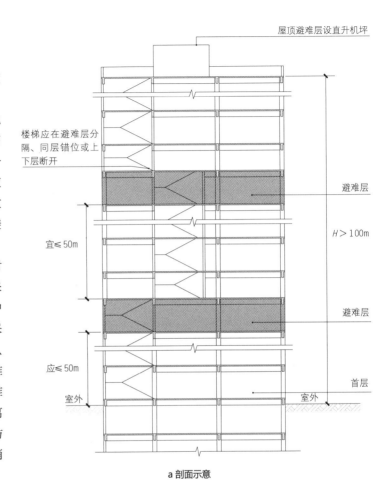

a 剖面示意

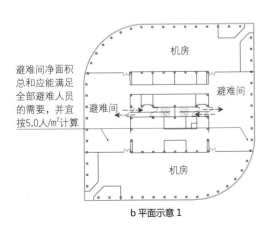

b 平面示意1

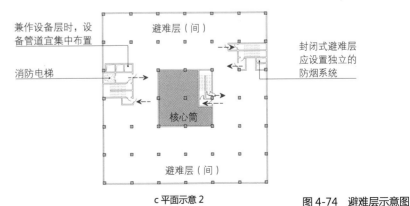

c 平面示意2

图4-74 避难层示意图

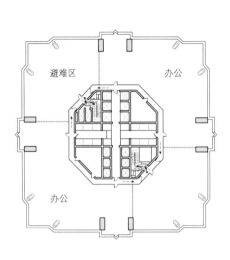

a 15层、30层平面

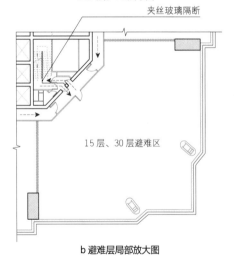

夹丝玻璃隔断

15层、30层避难区

b 避难层局部放大图

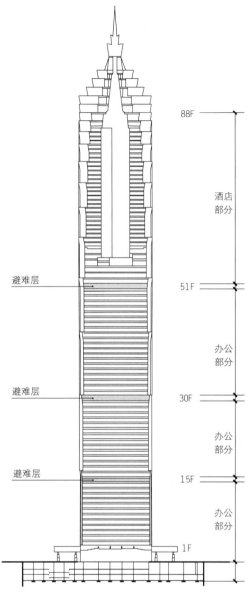

c 剖面图

建筑包括办公部分和酒店部分。办公部分人员共计7000人，避难间面积按5.00人/m²计算为1400m²，避难间分别设置于第15层、第30层，每层2个，共4个，每个避难间的面积为350m²。大厦的第51层为设备层和楼电梯转换层，可以暂时避难，未纳入1400m²之内，相当于增加了避难层的面积。强制引入避难层措施：必须经由避难层方能继续向下疏散，到达避难层前可透过楼梯间的夹丝防火玻璃隔断，清楚地看到楼梯间内下行的疏散情形。

图4-75　上海金茂大厦的避难层设置

4.7.2 屋顶避难层及直升机停机坪

超高层建筑屋顶宜设置避难层,可设计为开敞式或封闭式,也可结合设备层考虑。裙房屋顶宜作为开敞避难层。

建筑高度>100m且标准层建筑面积>2000m² 的公共建筑,宜设置屋顶直升机停机坪或供直升机救助的设施,并应符合下列规定:

1)距设备机房、电梯机房、水箱间、共用天线等凸出物的距离应≥5.00m;

2)建筑屋顶通向停机坪的出口应≥2个,每个出口宽度宜≥0.90m;

3)适当位置应设置消火栓;

4)四周应设航空障碍灯,并设应急照明。

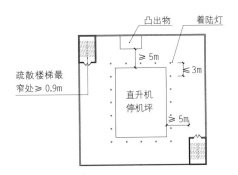

a 一般规定

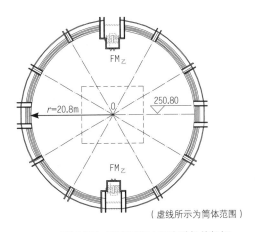

(虚线所示为筒体范围)

图4-77 重庆国际大厦直升机停机坪

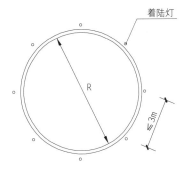

b 圆形停机坪

注:①长方形停机坪:长=2倍直升机长度,宽=1.5倍直升机长度;
②圆形停机坪:直径R=1.5倍或2倍螺旋桨直径。

c 停机坪标志

图4-76 屋顶直升机坪示意

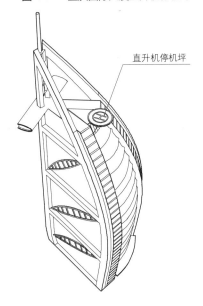

图4-78 迪拜帆船酒店直升机停机坪

（超）高层公共建筑安全疏散类型

表 4-25

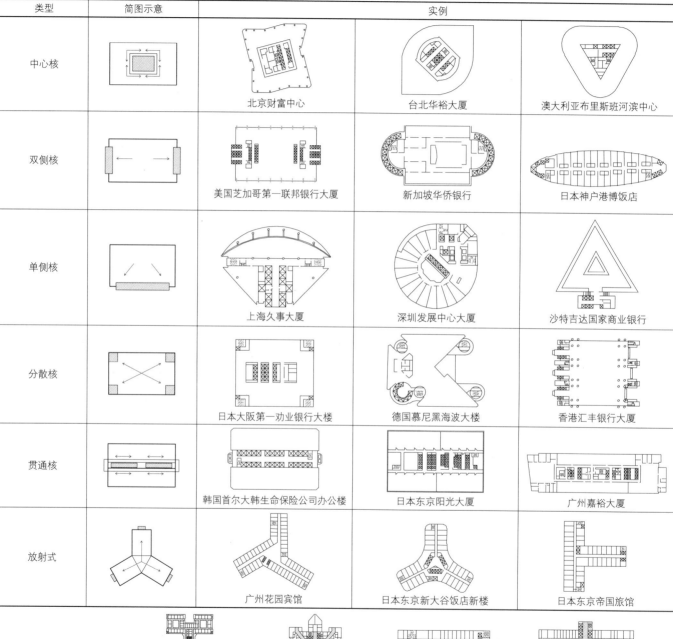

类型	简图示意	实例		
中心核		北京财富中心	台北华裕大厦	澳大利亚布里斯班河滨中心
双侧核		美国芝加哥第一联邦银行大厦	新加坡华侨银行	日本神户港博饭店
单侧核		上海久事大厦	深圳发展中心大厦	沙特吉达国家商业银行
分散核		日本大阪第一劝业银行大楼	德国慕尼黑海波大楼	香港汇丰银行大厦
贯通核		韩国首尔大韩生命保险公司办公楼	日本东京阳光大厦	广州嘉裕大厦
放射式		广州花园宾馆	日本东京新大谷饭店新楼	日本东京帝国旅馆

图4-79　高层医院建筑安全
　　　　疏散实例

a 岛式组合：
神户人民医院

b 半岛式组合：
杭州邵逸夫医院

c 单廊式：
沈阳辽宁肿瘤医院

d 复廊式：
北京中日友好医院

4.7.3 超高层建筑安全疏散案例解析

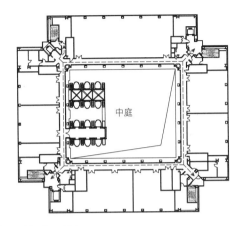

层数：41 层，地下 3 层
建成时间（年）：2006
标准层平面中央为通高中庭空间，四周为环形走道，疏散楼梯间位于建筑四角，形成双向疏散。

图 4-80 北京电视中心标准层平面

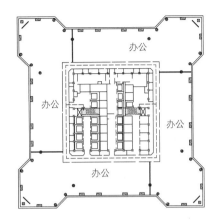

层数：73 层，地下 3 层，楼顶屋 2 层
建成时间（年）：1993
标准层平面划分为 4 个办公区域，核心筒中央布置 2 部疏散楼梯，外围形成环形走道，满足双向疏散要求。

图 4-81　横滨标志塔 48 层平面

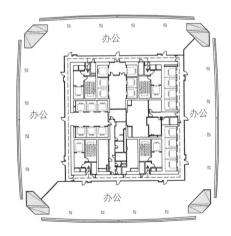

层数：117 层，地下 3 层，局部 4 层
建成时间（年）：在建
核心筒四角布置 4 部疏散楼梯，外围形成环形走道，充分满足标准层的疏散要求。

图 4-82　天津 117 大厦标准层平面

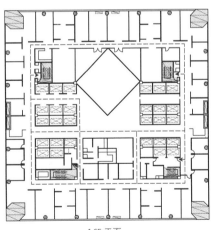

16F 平面

26~31F 平面

38~44F 平面

51~66F 平面

层数：70 层，地下 3 层
建成时间（年）：1990
标准层形成"日"字形走道，满足疏散要求；上部体量缩进的楼层部分，同样满足双向疏散要求。

图 4-83　香港中国银行大厦平面

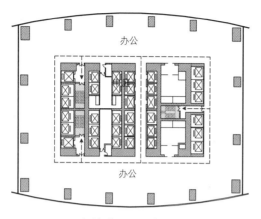

a 办公标准层平面示意

层数：100 层，地下 4 层
建成时间（年）：2011

图 4-84 深圳京基 100

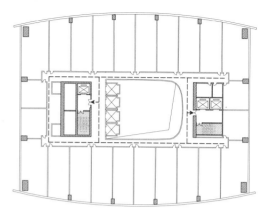

b 酒店标准层平面示意

办公层标准平面中心核内布置 3 部疏散楼梯，外围环道和电梯厅形成"日"字形疏散走道，充分满足双向疏散要求；上部酒店层中央核心筒消退，2 部疏散楼梯及电梯分布两侧，内部形成中庭，两端形成袋形走道，局部空间不能满足双向疏散的要求。

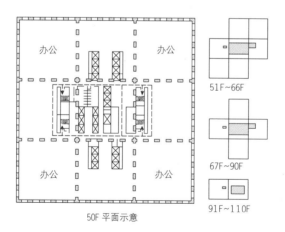

50F 平面示意

层数：110 层，地下 3 层
建成时间（年）：1973
采用由钢框架构成的束筒结构体系，平面逐渐上收，围绕中心核体设置走道与安全出口。

图 4-85 芝加哥西尔斯大厦平面

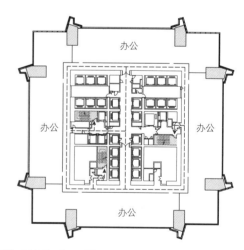

层数：118 层，地下 5 层
建成时间（年）：2014
标准层平面形成"日"字形疏散走道，在中心核内布置 3 部疏散楼梯，充分满足双向疏散要求。

图 4-86 深圳平安国际金融中心标准层平面

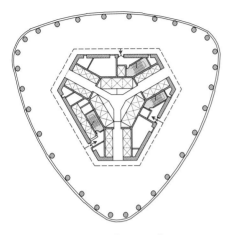

a 办公标准层平面示意

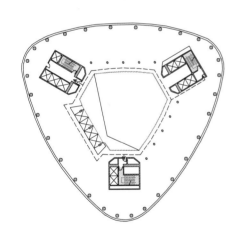

b 酒店标准层平面示意

层数：103 层，地下 4 层
建成时间（年）：2009
核心筒处于平面中央，四周形成的环形走道满足双向疏散要求；上部的酒店层平面，核心筒演变成 3 个小型筒体，原核心筒处形成中庭，同样满足双向疏散要求。

图 4-87　广州国际金融中心平面

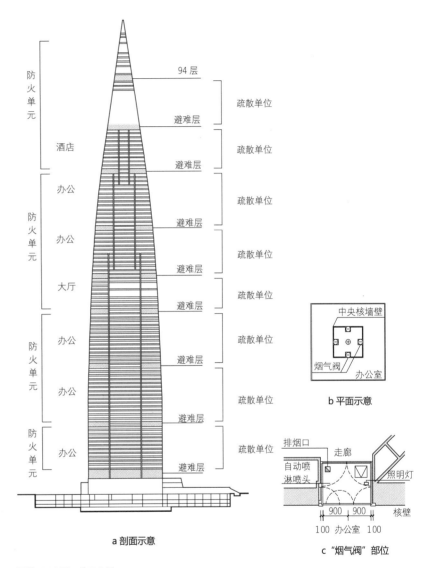

a 剖面示意

b 平面示意

c "烟气阀"部位

层数：101 层，地下 3 层
建成时间（年）：2008
交通核布置在平面中央，外围形成环形走道，在进入中央核的 4 个出入口设置"烟气阀"，可将烟气排出（我国现行规范规定只能采取正压送风的防烟方式），保障疏散安全。

图 4-88　上海环球金融中心

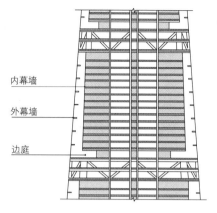

内幕墙

外幕墙

边庭

图 4-89 上海中心大厦边庭 空间防火分隔示意

a 局部剖面图

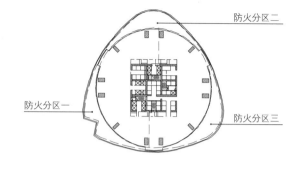

防火分区二

防火分区一

防火分区三

b 边庭空间防火分区示意

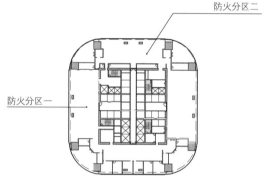

防火分区二

防火分区一

a 优化前

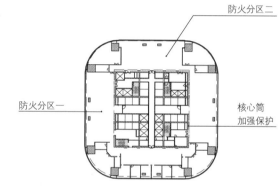

防火分区二

防火分区一

核心筒 加强保护

b 优化后

图 4-90 "中国尊"三十五 层平面防火分区优 化调整示意

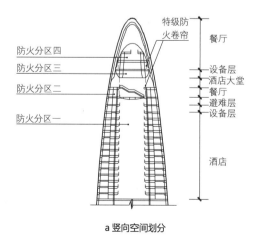

特级防 火卷帘

防火分区四

防火分区三

防火分区二

防火分区一

餐厅

设备层 酒店大堂 餐厅 避难层 设备层

酒店

a 竖向空间划分

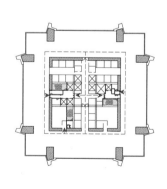

b 标准层平面图

图 4-91 深圳平安国际金融 中心顶部空间划分 及标准层疏散示意

P_{art} 5 耐火构造设计

Fire Protection Construction Design

5. 耐火构造设计

耐火构造设计应依据相关规范，确定建筑的耐火等级、燃烧性能、耐火极限，结合结构方案选取相应材料和构造做法，确保主体结构的耐火能力，确保隔墙、吊顶、门窗等其他构件以及内外装修和保温层的耐火能力，以避减火灾发生和阻止火势蔓延，为建筑防火安全提供保障，为人员安全疏散和火灾扑救创造条件，并为灾后修复使用提供有利条件。

5.1 主体结构的耐火要求

1）钢筋混凝土结构

承重墙 / 柱：耐火极限的大小主要由断面尺寸决定。

承重梁 / 板：耐火极限主要取决于保护层的厚度，可用抹灰加厚保护层或以防火涂料涂覆保护。

预应力梁 / 板：受力好、耐火差、高温变形快。

非预应力梁 / 板：受力差、耐火好。

整体现浇楼板：受力好、耐火好，保护层15 ~ 20mm 可达一级耐火等级。

2）钢结构

钢材在火灾高温作用下，其力学性能会随温度升高而降低。钢结构通常在 550℃左右时就会发生较大的形变而失去承载能力，无保护层的钢结构的耐火极限仅为 0.25h。

提高钢结构耐火极限的方法包括：混凝土或砖等包覆；钢挂网抹灰，喷涂石棉、蛭石、膨胀珍珠岩等灰浆；喷涂防火涂料；采用空心柱充液方式，柱内盛满防冻、防腐溶液循环流动，火灾时带走热量以保持耐火稳定性（如美国堪萨斯银行大厦、匹兹堡钢铁公司大厦）。

5.2 建筑构件的耐火要求

建筑构件的耐火极限和燃烧性能与建筑构件所采用的构件性质、构件尺寸、保护层厚度，以及构件的构造做法、支撑情况密切相关，提高与增强的方法包括：

1）适当增大构件截面尺寸；

2）钢筋混凝土构件增加保护层厚度；

3）构件表面做耐火保护层；

4）钢梁、钢屋架下做耐火吊顶；

5）在构件表面涂覆防火涂料；

6）合理的耐火构造设计；

7）其他方法。

民用建筑的耐火等级要求　　　　　　　　　　　　　　　　　　　　　表 5-1

民用建筑		耐火等级要求
高层民用建筑	一类高层	一级
	二类高层	≥二级
	裙房	≥二级
	地下室、地下汽车库	一级
单、多层民用建筑	重要公共建筑	≥二级
	（半）地下建筑（室）	一级

注：民用建筑耐火等级应根据其建筑高度、使用功能、重要性和火灾扑救难度等确定，可分为一、二、三、四级。

民用建筑相应构件的燃烧性能和耐火极限（h）　　　　表 5-2

构件名称		耐火等级或类型				
		木结构建筑	一级	二级	三级	四级
墙	防火墙	3.00	3.00	3.00	3.00	3.00
	承重墙	1.00	3.00	2.50	2.00	0.50
	非承重外墙	0.75	1.00	1.00	0.50	－
	楼梯间和前室的墙、电梯间的墙、住宅建筑单元之间的墙和分户墙	1.00	2.00	2.00	1.50	0.50
	疏散走道两侧的隔墙	0.75	1.00	1.00	0.50	0.25
	房间隔墙	0.50	0.75	0.50	0.50	0.25
柱		1.00	3.00	2.50	2.00	0.50
梁		1.00	2.00	1.50	1.00	0.50
楼板		0.75	1.50	1.00	0.50	－
屋顶承重构件		0.50	1.50	1.00	0.50	－
疏散楼梯		0.50	1.50	1.00	0.50	－
吊顶（包括吊顶格栅）		0.50	0.25	0.25	0.15	－

☐ 不燃烧体　▨ 难燃烧体　▨ 燃烧体

注：①二级耐火等级建筑内采用不燃材料的吊顶，其耐火极限不限。三级耐火等级的医疗建筑、中小学校的教学建筑、老年人建筑及托儿所、幼儿园的儿童用房和儿童游乐厅等儿童活动场所的吊顶，应采用不燃材料；当采用难燃材料时，其耐火极限应≥0.25h。二、三级耐火等级建筑的门厅、走道的吊顶应为不燃材料。
②建筑高度＞100m 的民用建筑，其楼板的耐火极限应≥2.00h。一、二级耐火等级建筑的上人平屋顶，其屋面板的耐火极限分别应≥1.50h 和≥1.00h。
③除规范另有规定外，以木柱承重且墙体采用不燃烧材料的建筑，其耐火等级一般按四级确定。

住宅建筑构件的燃烧性能和耐火极限（h）　　　　表 5-3

名称		耐火等级（h）			
构件		一级	二级	三级	四级
墙	防火墙	3.00	3.00	3.00	3.00
	承重外墙	3.00	2.50	2.00	0.50
	非承重外墙	1.00	1.00	0.50	0.25
	楼梯间的墙、电梯井的墙、住宅单元之间的墙、住宅分户墙、住宅内承重墙	2.00	2.00	1.50	0.50
	疏散走道两侧的隔墙	1.00	1.00	0.50	0.50
柱		3.00	2.50	2.00	0.50
梁		2.00	1.50	1.00	0.50
楼板		1.50	1.00	0.50	0.50
屋顶承重构件		1.50	1.00	0.25	0.25
疏散楼梯		1.50	1.00	1.00	0.25

☐ 不燃烧体　▨ 难燃烧体

注：①住宅建筑的耐火等级应划分为一、二、三、四级，其构件的燃烧性能和耐火极限应≥本表的规定。
②表中的外墙是指除外保温层外的主体结构。

建筑构件的耐火构造设计　　　　　　　　　　　　　　　　　　　表 5-4

部位	耐火构造设置部位及具体要求	图示
防火墙	1）防火墙应直接设置在建筑的基础或框架、梁等承重结构上，应从楼地面基层隔断至梁、楼板或屋面板的底面基层。 2）建筑屋顶承重结构和屋面板的耐火极限<0.50h时，防火墙高出屋面高度应≥0.5m。 3）建筑外墙为难燃性或可燃性墙体时，防火墙凸出墙的外表面应≥0.4m，且防火墙两侧的外墙均应为宽度≥2.0m的不燃性墙体，其耐火极限不应低于外墙的耐火极限。 4）建筑外墙为不燃性墙体时，防火墙可不凸出墙的外表面，紧靠防火墙两侧的门窗、洞口之间最近边缘的水平距离应≥2.0m。 5）建筑内的防火墙不宜设置在转角处，确需设置时，内转角两侧墙上的门、窗、洞口之间最近边缘的水平距离应≥4.0m。 6）防火墙上不应开设门窗、洞口，确需开设时，应设置不可开启或火灾时能自动关闭的FM甲、FC甲。 7）可燃气体和液体管道严禁穿过防火墙。防火墙内不应设置排气道，其他管道不宜穿过防火墙。	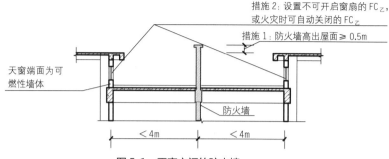 图 5-1　天窗之间的防火墙 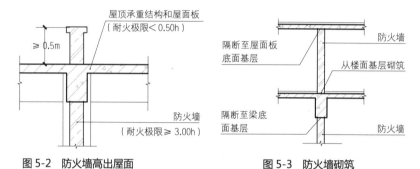 图 5-2　防火墙高出屋面　　　图 5-3　防火墙砌筑
防火隔墙	1）建筑内的防火隔墙应从楼地面基层隔断至梁、楼板或屋面板的底面。 2）建筑内下列部位应采用耐火极限≥2.00h的防火隔墙与其他部位分隔： ①住宅分户墙和单元之间的墙； ②医院及养老院的病房楼内相邻护理单元之间，剧场、电影院、礼堂与其他区域之间，剧场后台的辅助用房； ③除居住建筑中套内厨房外，宿舍、公寓建筑中的公共厨房和其他建筑内的厨房； ④附设在住宅建筑内的机动车库； ⑤附设在建筑内的设备用房、附属库房； ⑥医疗建筑内的手术室或手术部、产房、重症监护室、贵重精密医疗装备用房、储藏间、实验室、胶片室等；附设在建筑内的托儿所、幼儿园的儿童用房和儿童游乐厅等儿童活动场所及老年人活动场所等分隔，墙上门窗采用FM乙、FC乙。 3）剧场等建筑的舞台与观众厅之间的隔墙应采用耐火极限≥3.00h的防火隔墙；舞台上部与观众厅闷顶之间的隔墙可采用耐火极限≥1.50h的防火隔墙，隔墙上的门应采用FM乙；舞台下部的灯光操作室和可燃物储藏室应采用耐火极限≥2.00h的防火隔墙；电影放映室、卷片室应采用耐火极限≥1.50h的防火隔墙与其他部位分隔。	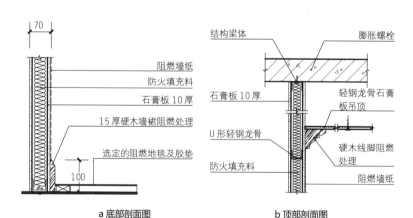 a 底部剖面图　　　　b 顶部剖面图 图 5-4　防火隔墙构造

续表

部位	耐火构造设置部位及具体要求	图示
防火门（窗）	1）防火门（窗）按其耐火极限可分为甲级、乙级和丙级防火门（窗），耐火极限应分别≥1.50h、1.00h和0.50h。 2）防火门的设置应符合下列规定： ①一般应采用常闭防火门，并应在其明显位置设置"保持防火门关闭"等标识。 ②设置在建筑内经常有人通行处的防火门，宜采用常开防火门。常开防火门应能在火灾时自行关闭，并应具有信号反馈的功能。 ③变形缝附近的防火门应设置在楼层较多的一侧，保证防火门开启时门扇不跨越变形缝。 ④双扇防火门应具有按顺序自行关闭的功能，能在其内外两侧手动开启。 3）设置在防火墙、防火隔墙上的FC，应为不可开启的窗扇，或具有火灾时能自行关闭的功能。 4）甲级、乙级和丙级防火门（窗）的一般适用部位： ①甲级：防火分区、设备用房、中庭四周； ②乙级：疏散门、开向前室的户门、划分重要空间的防火隔墙上的门窗； ③丙级：竖向井道壁及检查门。	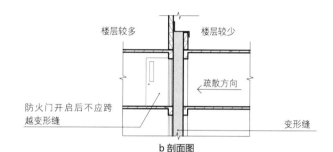 图5-5 变形缝处防火门的设置
防火卷帘	1）防火分隔部位设置防火卷帘时，应符合下列规定： ①除中庭外，当防火分隔部位的宽度≤30m时，防火卷帘的宽度应≤10m；当防火分隔部位的宽度>30m时，防火卷帘的宽度应≤该部位宽度的1/3，且应≤20m。 ②耐火极限不应低于所设置部位墙体的耐火极限。 ③应具有防烟性能，与楼板、梁、墙、柱之间的空隙应采用防火材料封堵。 ④需在火灾时自动降落的防火卷帘，应具有信号反馈的功能。 2）建筑内的下列部位应采用耐火极限≥2.00h的防火隔墙与其他部位分隔，墙上的门、窗应采用$FM_{乙}$、$FC_{乙}$，确有困难时可采用防火卷帘： ①民用建筑内的附属库房，剧场后台的辅助用房。 ②除居住建筑中套内的厨房外，宿舍、公寓建筑中的公共厨房和其他建筑内的厨房。 ③附设在住宅建筑内的机动车库。	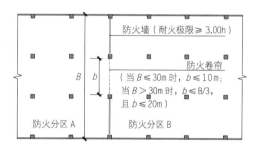 图5-6 防火卷帘结合防火墙划分防火分区
电梯井/管道井	1）电梯井应独立设置，不应敷设与电梯无关的电缆、电线等管道。电梯井的井壁除设置电梯门、安全逃生门和通气孔洞外，不应设置其他开口。电梯层门的耐火极限应≥1.00h。 2）电缆井、管道井、排烟道、排气道、垃圾道等竖向井道，应分别独立设置。井壁耐火极限应≥1.00h，井壁上的检查门采用$FM_{丙}$。 3）垃圾道宜靠外墙设置，其排气口应直接开向室外，垃圾斗应采用不燃材料制作，并能自行关闭。 4）电缆井、管道井应在每层楼板处采用不低于楼板耐火极限的不燃材料或防火封堵材料封堵；电缆井、管道井与房间、走道等相连通的孔隙应采用防火封堵材料封堵。	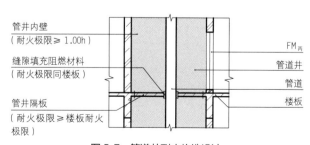 图5-7 管道井耐火构造设计

续表

部位	耐火构造设置部位及具体要求	图示
建筑外（幕）墙	1）建筑外墙上、下层开口之间应设置高度≥1.2m的实体墙，或挑出宽度≥1.0m、长度不小于开口宽度的防火挑檐。 2）当室内设置自动喷水灭火系统时，上、下层开口之间的实体墙高度应≥0.8m。 3）当上、下层开口之间设置实体墙确有困难时，可设置防火玻璃墙（高层建筑的防火玻璃墙的耐火完整性应≥1.00h，单、多层建筑的防火玻璃墙的耐火完整性应≥0.50h），外窗的耐火完整性不应低于防火玻璃墙的耐火完整性要求。 4）住宅建筑外墙上相邻户开口之间的墙体宽度应≥1.0m；当<1.0m时，应在开口之间设置凸出外墙宽度≥0.6m的耐火隔板。 5）幕墙与每层楼板、隔墙的缝隙应采用防火材料封堵。	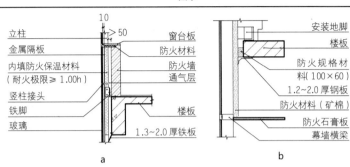 图 5-8 玻璃幕墙耐火构造　　图 5-9 玻璃幕墙墙裙耐火构造
变形缝/建筑缝隙	1）变形缝是防火分区的薄弱环节，其填充材料和构造基层应采用不燃材料。 2）电线、电缆、可燃气体和甲、乙、丙类液体的管道不宜穿过变形缝。确需穿过时，应在穿过处加设不燃套管或采取其他防变形措施，并采用防火材料封堵。 3）防烟、排烟、供暖、通风和空气调节系统中的管道及其他管道，在穿越防火隔墙、楼板和防火墙处的孔隙时，应采用防火材料封堵。	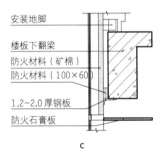 图 5-10 变形缝耐火构造设计
天桥/连廊	1）天桥、跨越房屋的栈桥以及输送可燃物品的栈桥，均应采用不燃材料。 2）输送有火灾、爆炸危险物质的栈桥不应作为疏散通道。 3）连接两座建筑物的天桥、连廊，应采取防止火灾在两座建筑间蔓延的措施，尽量采用不燃材料。	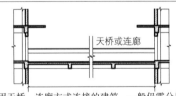 仅供通行的天桥、连廊、采用不燃材料且通向天桥、连廊的出口符合安全疏散时，该出口可作为安全出口。　　采用天桥、连廊方式连接的建筑，一般仍需分别按独立的建筑考虑，并符合防火间距的要求。 a 平面图　　　　　　b 剖面图 图 5-11 天桥耐火构造设计

5.3 节点耐火构造设计

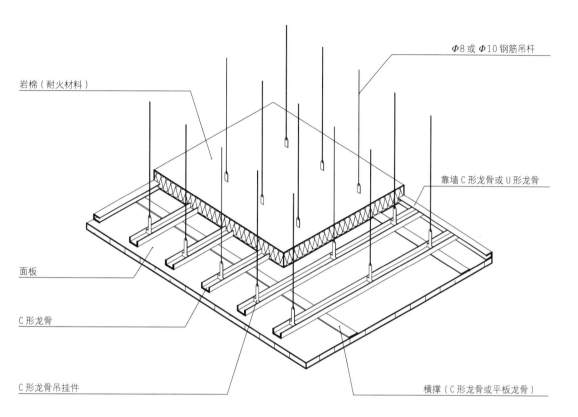

岩棉（耐火材料）

Φ8 或 Φ10 钢筋吊杆

靠墙 C 形龙骨或 U 形龙骨

面板

C 形龙骨

C 形龙骨吊挂件

横撑（C 形龙骨或平板龙骨）

图 5-12　防火吊顶构造
（单层龙骨）

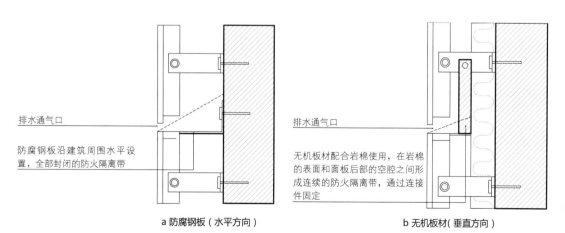

排水通气口

防腐钢板沿建筑周围水平设
置，全部封闭的防火隔离带

a 防腐钢板（水平方向）

排水通气口

无机板材配合岩棉使用，在岩棉
的表面和面板后部的空腔之间形
成连续的防火隔离带，通过连接
件固定

b 无机板材（垂直方向）

图 5-13　通风幕墙防火隔离
带的构造设计

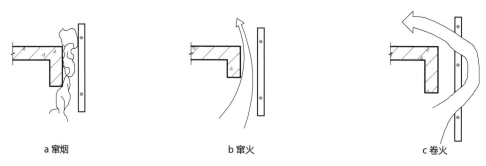

a 窜烟　　　　　　　　　b 窜火　　　　　　　　　c 卷火

图 5-14　建筑幕墙烟火蔓延机理

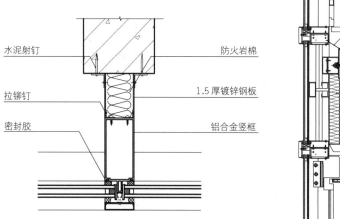

水泥射钉　　　　　　　　　　　防火岩棉

拉铆钉　　　　　　　　　　　　1.5 厚镀锌钢板

密封胶　　　　　　　　　　　　铝合金竖框

图 5-15　玻璃幕墙相邻房间的防火封堵

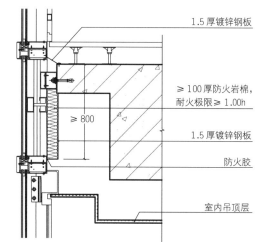

1.5 厚镀锌钢板

≥100 厚防火岩棉，
耐火极限 ≥ 1.00h

1.5 厚镀锌钢板

防火胶

室内吊顶层

≥ 800

图 5-16　防火墙裙＜ 800mm 双层玻璃幕墙层间防火

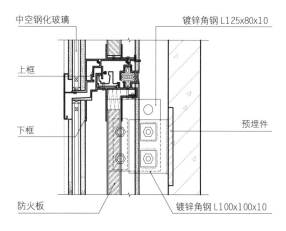

中空钢化玻璃　　　　　　　　镀锌角钢 L125x80x10

上框

下框　　　　　　　　　　　　预埋件

防火板　　　　　　　　　镀锌角钢 L100x100x10

图 5-17　玻璃幕墙垂直节点（固定部分）

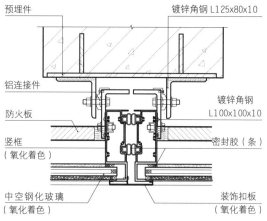

预埋件　　　　　　　　　　镀锌角钢 L125x80x10

铝连接件

防火板　　　　　　　　　　　镀锌角钢
　　　　　　　　　　　　　　L100x100x10

竖框　　　　　　　　　　　　密封胶（条）
（氧化着色）

中空钢化玻璃　　　　　　　装饰扣板
（氧化着色）　　　　　　　　（氧化着色）

图 5-18　玻璃幕墙水平节点（固定部分）

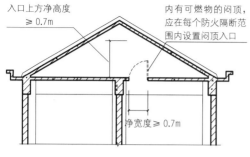

图 5-19　闷顶空间耐火构造

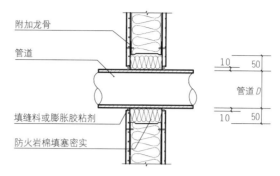

图 5-20　管道穿墙洞口耐火构造

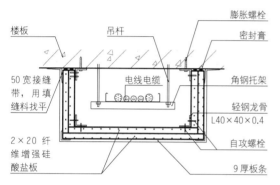

图 5-21　电缆防火三面包覆（耐火极限 2h）

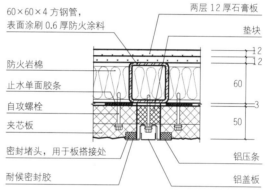

图 5-22　金属夹芯板复合外墙耐火构造（纵向接缝）

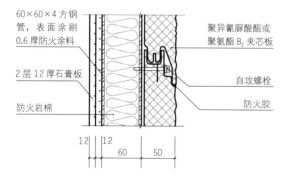

a 聚异氰脲酸酯或聚氨酯夹芯板（耐火时间 1h）

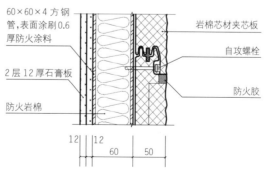

b 岩棉夹芯板（耐火极限 1h）

图 5-23　金属夹芯板复合外墙耐火构造（水平）

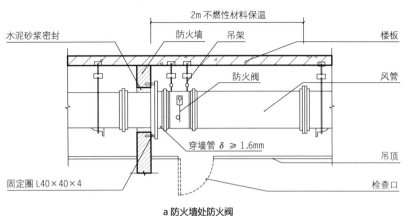

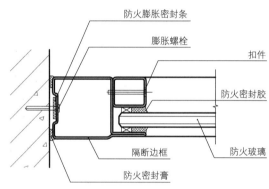

a 防火墙处防火阀

b 变形缝处防火阀

图 5-24   防火阀耐火构造

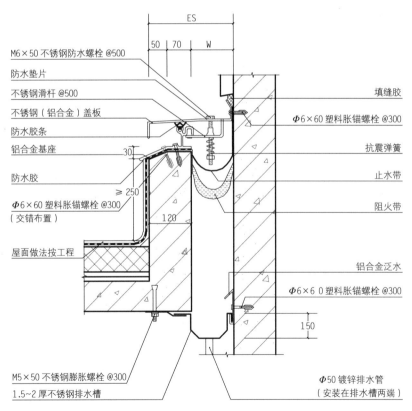

**图 5-26   金属盖板型屋面变
            形缝(转角型)**

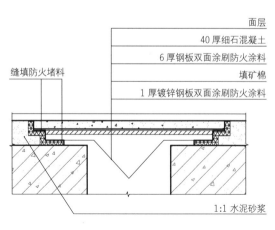

图 5-25   防火玻璃隔断

图 5-27   楼地面变形缝

5.4 钢结构耐火构造设计

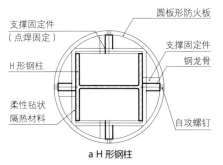

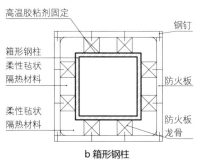

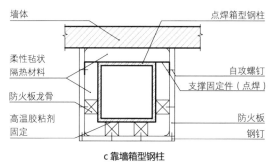

图 5-28　钢柱采用柔性毡和防火板的复合耐火构造

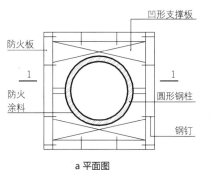

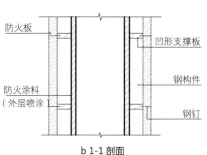

图 5-29　钢柱采用防火涂料和防火板的复合耐火构造

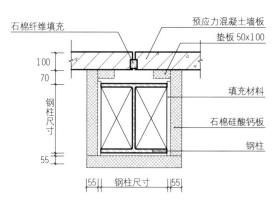

图 5-30　钢柱组合耐火构造

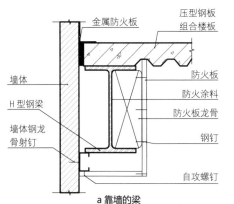

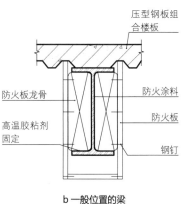

图 5-31　钢梁采用防火涂料和防火板的复合耐火构造

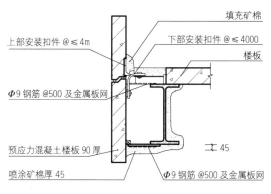

图 5-32　钢梁组合耐火构造

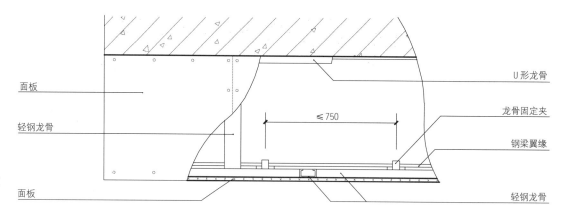

图 5-33 轻钢龙骨板材包覆
钢梁耐火构造层次

面板
轻钢龙骨
面板

U 形龙骨
龙骨固定夹
钢梁翼缘
轻钢龙骨

≤ 750

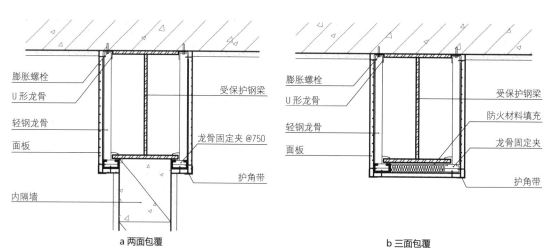

图 5-34 轻钢龙骨板材包覆
钢梁耐火构造
（剖面示意）

膨胀螺栓
U 形龙骨
轻钢龙骨
面板
内隔墙

受保护钢梁
龙骨固定夹 @750
护角带

a 两面包覆

膨胀螺栓
U 形龙骨
轻钢龙骨
面板

受保护钢梁
防火材料填充
龙骨固定夹
护角带

b 三面包覆

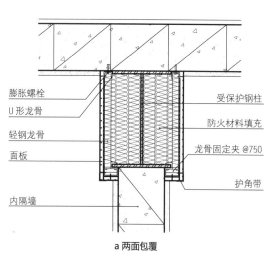

图 5-35 轻钢龙骨板材包覆
钢柱耐火构造
（平面示意）

膨胀螺栓
U 形龙骨
轻钢龙骨
面板
内隔墙

受保护钢柱
防火材料填充
龙骨固定夹 @750
护角带

a 两面包覆

膨胀螺栓
U 形龙骨
轻钢龙骨
面板

受保护钢柱
防火材料填充
龙骨固定夹 @750
护角带

b 三面包覆

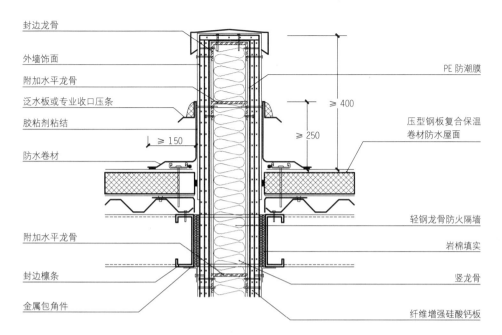

封边龙骨
外墙饰面
附加水平龙骨
泛水板或专业收口压条
胶粘剂粘结
防水卷材

附加水平龙骨
封边檩条
金属包角件

PE 防潮膜

压型钢板复合保温
卷材防水屋面

轻钢龙骨防火隔墙
岩棉填实
竖龙骨
纤维增强硅酸钙板

≥ 400
≥ 250
≥ 150

图 5-36　轻钢龙骨防火隔墙
出屋面（剖面示意）

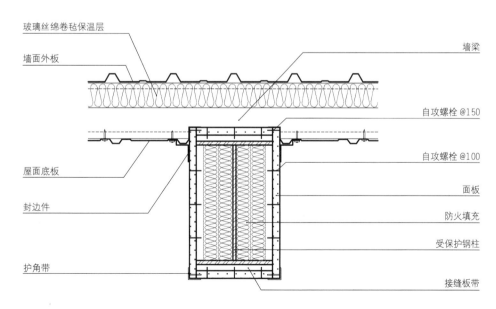

玻璃丝绵卷毡保温层
墙面外板

屋面底板
封边件

护角带

墙梁
自攻螺栓 @150
自攻螺栓 @100
面板
防火填充
受保护钢柱
接缝板带

图 5-37　无龙骨板材包覆钢
柱（平面示意）

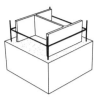 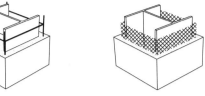 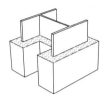 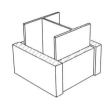

图5-38 钢结构耐火保护层材料

a 现浇混凝土　　b 砂浆或灰胶　　c 矿物纤维　　d 轻质预制板

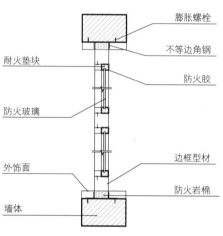

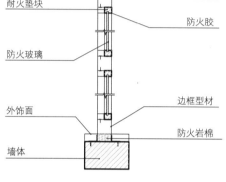

图5-39 钢结构防火固定窗节点构造

b 1-1 剖面图

a 立面图

c 2-2 剖面图

大楼共32层,高127m,L形体转折处有垂直贯通的变形缝。

使用单位自行将铁皮烟道引入变形缝双墙空间,穿越变形缝上到屋面,且未采取耐火构造措施,同时将双墙空间作为票据室、储存间及弱电布线间等。2002年,13层厨房用火时高温的铁皮烟道引燃空间中大量可燃物后,便引发火灾。整改后,取消了双墙空间内的功能房间并做耐火封闭,形成两个防火隔间,对烟囱和弱电布线井道进行耐火封闭处理,并将其封闭在两个防火隔间之内,使安全得到保障。

图5-40 重庆中天大酒店变形缝整改措施

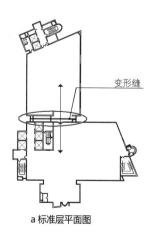

a 标准层平面图

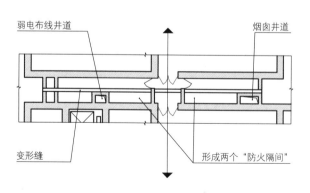

b 变形缝整改措施

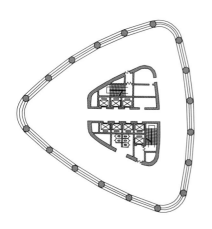

a 一层平面图

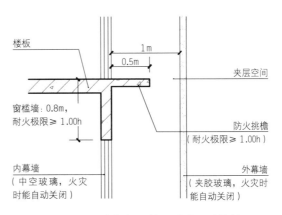

每3层形成1个幕墙循环单元，构成1组封闭单元。

b 通风幕墙耐火构造

大楼地上26层，高140m。外墙为双层可呼吸式玻璃幕墙，双层幕墙间距约为1m，为走廊式双层幕墙结构形式。竖向每3层作为一个循环单元，内层每层设置开启门窗，外层设置可开启窗和进、排风口。
幕墙防火方案：内幕墙采用中空玻璃，外幕墙采用夹胶玻璃；窗槛墙高800mm，耐火极限≥1.00h；防火挑檐宽500mm，耐火极限≥1.00h；内外幕墙上可开启窗扇均与火灾自动报警系统联动，火灾时能自动关闭，夹层空间每隔3层构成一组封闭单元。

图5-41 上海国际港务大楼通风幕墙耐火构造

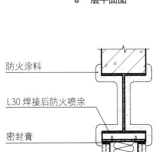

a 隔墙与钢梁连接处耐火构造

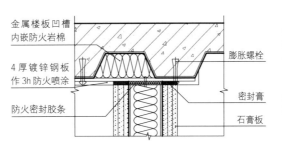

b 隔墙与楼板连接处耐火构造

地上121层，地下5层，高632m，核心筒内部的部分楼梯间、电梯井、管道井、卫生间以及核心筒周边部分功能性房间的隔墙，均采用轻钢龙骨耐水石膏板墙，并用防火涂料涂覆，岩棉及密封膏封堵缝隙。

图5-42 上海中心大厦隔墙耐火构造

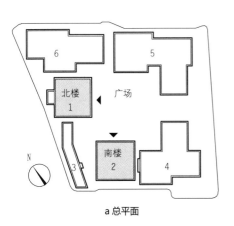

a 总平面

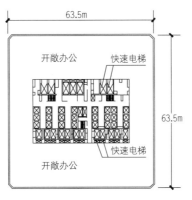

b 标准层平面

双塔各110层，高411m，钢结构筒中筒。2001年9月11日，两架飞机先后撞上北楼及南楼，爆炸燃烧近一个小时后南楼、北楼相继垮塌。
垮塌原因主要包括：大楼钢结构为喷涂石棉保护，其厚度仅2cm多，难以保障安全。被撞时钢梁柱扭曲变形，石棉剥落，无法抵御爆炸燃烧时超高1000℃高温的侵袭。当上部体量层层砸下时，钢柱与钢梁之间的连接螺栓被剪断，导致建筑彻底垮塌。

图5-43 纽约世贸中心钢结构耐火构造

5.5 建筑内部装修防火设计

此节参照《建筑内部装修设计防火规范》GB50222-2017，适用于民用建筑和工业厂房的内部装修设计，不适用于古建筑和木结构建筑的内部装修设计。

装修材料按其使用部位和功能，可划分为顶棚装修材料、墙面装修材料、地面装修材料、隔断装修材料、固定家具、装饰织物、其他装修装饰材料等七类。装修材料燃烧性能等级包括：不燃性（A）、难燃性（B_1）、可燃性（B_2）、易燃性（B_3）。

常用建筑内部装修材料的燃烧性能等级划分举例　　表 5-5

材料类别	级别	材料举例
各部位材料	A	花岗石、大理石、水磨石、水泥制品、混凝土制品、石膏板、石灰制品、黏土制品、玻璃、瓷砖、马赛克、钢铁、铝、铜合金、天然石材、金属复合板、纤维石膏板、玻镁板、硅酸钙板等
顶棚材料	B_1	纸面石膏板、纤维石膏板、水泥刨花板、矿棉板、玻璃棉装饰吸声板、珍珠岩装饰吸声板、难燃胶合板、难燃中密度纤维板、岩棉装饰板、难燃木材、铝箔复合材料、难燃酚醛胶合板、铝箔玻璃钢复合材料、复合铝箔玻璃棉板等
墙面材料	B_1	纸面石膏板、纤维石膏板、水泥刨花板、矿棉板、玻璃棉板、珍珠岩板、难燃胶合板、难燃中密度纤维板、防火塑料装饰板、难燃双面刨花板、多彩涂料、难燃墙纸、难燃墙布、难燃仿花岗岩装饰板、氯氧镁水泥装配式墙板、难燃玻璃钢平板、难燃PVC塑料护墙板、阻燃模压木质复合板材、彩色阻燃人造板、难燃玻璃钢、复合铝箔玻璃棉板等
	B_2	各类天然木材、木制人造板、竹材、纸制装饰板、装饰微薄木贴面板、印刷木纹人造板、塑料贴面装饰板、聚酯装饰板、复塑装饰板、塑纤板、胶合板、塑料壁纸、无纺贴墙布、墙布、复合壁纸、天然材料壁纸、人造革、实木饰面装饰板、胶合竹夹板等
地面材料	B_1	硬PVC塑料地板、水泥刨花板、水泥木丝板、氯丁橡胶地板、难燃羊毛地毯等
	B_2	半硬质PVC塑料地板、PVC卷材地板
装饰织物	B_1	经阻燃处理的各类难燃织物等
	B_2	纯毛装饰布、经阻燃处理的其他织物等
其他材料	B_1	难燃聚氯乙烯塑料、难燃酚醛塑料、聚四氟乙烯塑料、难燃脲醛塑料、硅树脂塑料装饰型材、经阻燃处理的各类织物等
	B_2	经阻燃处理的聚乙烯、聚丙烯、聚氨酯、聚苯乙烯、玻璃钢、化纤织物、木制品等

地下民用建筑内部各部位装修材料的燃烧性能等级　　表 5-6

建筑物及场所	装修材料燃烧性能等级						
	顶棚	墙面	地面	隔断	固定家具	装饰织物	其他材料
观众厅、会议厅、多功能厅、等候厅等，商店的营业厅	A	A	A	B_1	B_1	B_1	B_2
宾馆、饭店的客房及公共活动用房等	A	B_1	B_1	B_1	B_1	B_1	B_2
医院的诊疗区、手术区	A	A	B_1	B_1	B_1	B_1	B_2
教学场所、教学实验场所	A	A	B_1	B_2	B_2	B_1	B_2
纪念馆、展览馆、博物馆、图书馆、档案馆、资料馆等的公众活动场所	A	A	B_1	B_1	B_1	B_1	B_1
存放文物、纪念展览物品、重要图书、档案、资料的场所	A	A	A	A	A	B_1	B_1
歌舞娱乐游艺场所	A	A	B_1	B_1	B_1	B_1	B_1
A、B级电子信息系统机房及装有重要机器、仪器的房间	A	A	B_1	B_1	B_1	B_1	B_1
餐饮场所	A	A	B_1	B_1	B_1	B_1	B_2
办公场所	A	B_1	B_1	B_1	B_1	B_2	B_2
其他公共场所	A	B_1	B_1	B_2	B_2	B_2	B_2
汽车库、修车库	A	A	B_1	A	A	—	—

民用建筑内部各部位装修材料的燃烧性能等级　　表 5-7

建筑物及场所	建筑类别	建筑规模、性质	顶棚	墙面	地面	隔断	固定家具	窗帘	帷幕	床罩	家具包布	其他材料
候机楼的候机大厅、贵宾候机室、售票厅、商店、餐饮场所等	单层、多层	—	A	A	B_1	B_1	B_1	B_1	—	—	—	B_1
	高层	—	A	A	B_1	B_1	B_1	B_1	—	—	—	B_1
汽车站、火车站、轮船客运站的候车（船）室、商店、餐饮场所等	单层、多层	建筑面积>10000m²	A	A	B_1	B_1	B_1	B_1	—	—	—	B_2
	单层、多层	建筑面积≤10000m²	A	B_1	B_1	B_1	B_1	B_1	—	—	—	B_2
	高层	建筑面积>10000m²	A	A	B_1	B_1	B_1	B_1	—	—	—	B_2
	高层	建筑面积≤10000m²	A	B_1	B_1	B_1	B_1	B_1	—	—	—	B_2
观众厅、会议厅、多功能厅、等候厅等	单层、多层	每个厅建筑面积>400m²	A	A	B_1	B_1	B_1	B_1	B_1	—	—	B_1
	单层、多层	每个厅建筑面积≤400m²	A	B_1	B_1	B_1	B_2	B_1	B_1	—	—	B_2
	高层	每个厅建筑面积>400m²	A	A	B_1	B_1	B_1	B_1	—	—	B_1	B_1
	高层	每个厅建筑面积≤400m²	A	B_1	B_1	B_1	B_2	B_1	—	—	B_1	B_1
体育馆	单层、多层	>3000 座位	A	A	B_1	B_1	B_1	B_1	B_1	—	—	B_2
	单层、多层	≤3000 座位	A	B_1	B_1	B_1	B_1	B_1	B_1	—	—	B_2
商店的营业厅	单层、多层	每层建筑面积>1500m²或总建筑面积>3000m²	A	B_1	B_1	B_1	B_1	B_1	—	—	—	B_2
	单层、多层	每层建筑面积≤1500m²或总建筑面积≤3000m²	B_1	B_1	B_1	B_1	B_2	B_1	—	—	—	B_2
	高层	每层建筑面积>1500m²或总建筑面积>3000m²	A	B_1	B_1	B_1	B_1	B_1	—	—	B_2	B_1
	高层	每层建筑面积≤1500m²或总建筑面积≤3000m²	A	B_1	B_1	B_1	B_2	B_1	—	—	B_2	B_2
宾馆、饭店的客房及公共活动用房等	单层、多层	设置送回风道（管）的集中空气调节系统	A	B_1	B_1	B_1	B_2	B_2	—	—	—	B_2
	单层、多层	其他	B_1	B_1	B_2	B_2	B_2	B_2	—	—	—	—
	高层	一类高层建筑	A	B_1	B_1	B_1	B_2	B_1	—	B_1	B_2	B_1
	高层	二类高层建筑	A	B_1	B_1	B_1	B_2	B_1	—	B_2	B_2	B_2
养老院、托儿所、幼儿园的居住及活动场所	单层、多层	—	A	A	B_1	B_1	B_1	B_1	—	—	—	B_2
	高层	—	A	A	B_1	B_1	B_1	B_1	—	B_2	B_2	B_1
医院的病房区、诊疗区、手术区	单层、多层	—	A	B_1	B_1	B_1	B_2	B_1	—	—	—	B_2
	高层	—	A	B_1	B_1	B_1	B_2	B_1	B_1	—	B_2	B_1
教学场所、教学实验场所	单层、多层	—	A	B_1	B_2	B_1	B_2	B_2	—	—	—	B_2
	高层	—	A	B_1	B_2	B_1	B_2	B_1	—	—	—	B_2
纪念馆、展览馆、博物馆、图书馆、档案馆、资料馆等的公众活动场所	单层、多层	—	A	B_1	B_1	B_1	B_2	B_1	—	—	—	B_2
	高层	一类高层建筑	A	B_1	B_1	B_1	B_2	B_1	—	B_1	B_2	B_1
	高层	二类高层建筑	A	B_1	B_1	B_1	B_2	B_1	—	B_2	B_2	B_2
存放文物、纪念展览物品、重要图书、档案、资料的场所	单层、多层	—	A	A	B_1	B_1	B_2	B_1	—	—	—	B_2
	高层	—	A	B_1	B_1	B_1	B_2	B_1	—	—	B_2	B_2
歌舞娱乐游艺场所	单层、多层	—	A	B_1	B_1	B_1	B_2	B_1	B_1	—	—	B_1
	高层	—	A	B_1	B_1	B_1	B_2	B_1	B_1	B_1	—	B_1
A、B 级电子信息系统机房及装有重要机器、仪器的房间	单层、多层	—	A	B_1	B_1	B_1	B_2	B_1	—	—	—	B_1
	高层	—	A	B_1	B_1	B_1	B_2	B_1	—	B_1	—	B_1
餐饮场所	单层、多层	营业面积>100m²	A	B_1	B_1	B_1	B_2	B_1	—	—	—	B_2
	单层、多层	营业面积≤100m²	B_1	B_1	B_1	B_1	B_2	B_2	—	—	—	B_2
	高层	—	A	B_1	B_1	B_1	B_2	B_1	—	—	B_1	B_2
办公场所	单层、多层	设置送回风道（管）的集中空气调节系统	A	B_1	B_1	B_1	B_2	B_2	—	—	—	B_2
	单层、多层	其他	B_1	B_1	B_2	B_2	B_2	B_2	—	—	—	—
	高层	一类高层建筑	A	B_1	B_1	B_1	B_2	B_1	—	—	B_1	B_1
	高层	二类高层建筑	A	B_1	B_2	B_1	B_2	B_1	—	—	B_1	B_1
电信楼、财贸金融楼、邮政楼、广播电视楼、电力调度楼、防灾指挥调度楼	高层	一类高层建筑	A	A	B_1	B_1	B_1	B_1	—	—	B_1	B_1
	高层	二类高层建筑	A	B_1	B_2	B_1	B_2	B_1	B_2	—	B_2	B_2
其他公共场所	单层、多层	—	B_1	B_1	B_2	B_1	B_2	—	—	—	—	—
	高层	—	A	B_1	B_1	B_1	B_2	B_2	B_2	B_2	B_2	B_2
住宅	单层、多层	—	B_1	B_1	B_1	B_1	B_2	B_2	—	—	—	B_2
	高层	—	A	B_1	B_1	B_1	B_2	B_1	—	B_1	B_2	B_1

5.6 保温系统的防火设计

建筑的内、外保温系统，宜采用燃烧性能为 A 级的保温材料，不宜采用 B_2 级保温材料，严禁采用 B_3 级保温材料。设置保温系统的基层墙体或屋面板的耐火极限应符合规范规定。

建筑外墙采用保温材料与两侧墙体构成无空腔复合保温结构体时，其结构体的耐火极限应符合规范规定。当保温材料的燃烧性能为 B_1、B_2 级时，保温材料两侧的墙体应采用不燃材料且厚度均应 $\geqslant 50mm$。

保温系统应采用不燃材料做防护层。采用燃烧性能为 B_1 级的保温材料时，防护层的厚度应 $\geqslant 10mm$。

当建筑的外墙外保温系统采用燃烧性能为 B_1、B_2 级的保温材料时，除采用 B_1 级保温材料的单、多层民用建筑外，建筑外墙上门、窗的耐火完整性应 $\geqslant 0.50h$。

保温系统每层应设置水平防火隔离带。防火隔离带应采用燃烧性能为 A 级的材料，高度 $\geqslant 300mm$。当建筑的屋面和外墙外保温系统均采用 B_1、B_2 级保温材料时，屋面与外墙之间应采用宽度 $\geqslant 500mm$ 的不燃材料的防火隔离带进行分隔。

建筑外墙外保温系统与基层墙体、装饰层之间的空腔，应在每层楼板处采用防火封堵材料封堵。

内保温系统保温材料的燃烧性能　　　　　表 5-8

场所或部位	燃烧性能
人员密集场所，用火、燃油、燃气等具有火灾危险性的场所，各类建筑内的疏散楼梯间、避难走道、避难间、避难层等场所或部位	A
其他场所	$\geqslant B_1$

公共建筑外墙装饰材料的燃烧性能　　　　　表 5-9

建筑高度（m）	燃烧性能
＞50	A
≤50	$\geqslant B_1$

外墙外保温系统保温材料的燃烧性能　　　　　表 5-10

场所		建筑高度（m）	燃烧性能
与基层墙体、装饰层之间无空腔的建筑外墙外保温系统	住宅建筑	$H＞100$	A
		$100＞H \geqslant 27$	$\geqslant B_1$
		$H \leqslant 27$	$\geqslant B_2$
	除住宅和人员密集场所外的其他建筑	$H＞50$	A
		$24＜H \leqslant 50$	$\geqslant B_1$
		$H \leqslant 24$	$\geqslant B_2$
与基层墙体、装饰层之间有空腔的建筑外墙外保温系统		$H＞24$	A
		$H \leqslant 24$	$\geqslant B_1$

屋面外保温系统保温材料的燃烧性能 表 5-11

屋面板耐火极限	保温材料燃烧性能
≥ 1.00h	≥ B_2
< 1.00h	≥ B_1

不同燃烧性能等级保温材料的适用范围 表 5-12

场所	建筑高度（H）	A 级保温材料	B_1 级保温材料
人员密集场所	–	应采用	不允许
非人员密集场所	$H > 24m$	应采用	不允许
	$H ≤ 24m$	宜采用	可采用，每层设置防火隔离带

保温系统的防护层厚度 表 5-13

保温类型和部位			保温材料燃烧性能	防护层厚度（mm）
内保温			B_1	≥ 10
外保温	外墙	首层防护层	B_1、B_2	≥ 10
		其他层防护层	B_1、B_2	≥ 5
	屋面		B_1、B_2	≥ 10

无空腔的建筑外墙保温系统的技术要求 表 5-14

建筑及场所	建筑高度（H）	A 级保温材料	B_1 级保温材料	B_2 级保温材料
人员密集场所	–	应采用	不允许	不允许
住宅建筑	$H > 100m$	应采用	不允许	不允许
	$100m ≥ H > 27m$	宜采用	可采用：1）每层设置隔离防火带；2）建筑外墙上门、窗的耐火完整性应 ≥ 0.5h	不允许
	$H ≤ 27m$	宜采用	可采用，每层设置防火隔离带	可采用：1）每层设置隔离防火带；2）建筑外墙上门、窗的耐火完整性应 ≥ 0.5h
除住宅建筑和设置人员密集场所的建筑外的其他建筑	$H > 50m$	应采用	不允许	不允许
	$50m ≥ H > 24m$	宜采用	可采用：1）每层设置隔离防火带；2）建筑外墙上门、窗的耐火完整性应 ≥ 0.5h	不允许
	$H ≤ 24m$	宜采用	可采用，每层设置防火隔离带	可采用：1）每层设置隔离防火带；2）建筑外墙上门、窗的耐火完整性应 ≥ 0.5h

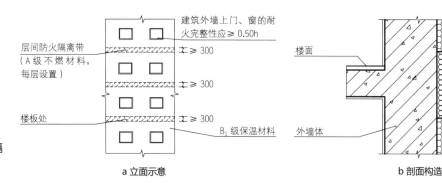

图5-44　外墙外保温防火隔离带耐火构造

a 立面示意　　　　b 剖面构造

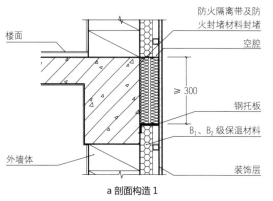
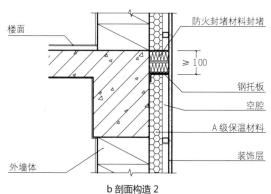

图5-45　外墙外保温空腔的防火封堵构造

a 剖面构造1　　　　b 剖面构造2

共30层,高159m,主体为钢筋混凝土结构。南北侧外立面为玻璃幕墙,东西侧为钛锌板幕墙(熔点为418℃)。幕墙外层表皮保温材料为挤塑板,防水材料为三元乙丙防水膜,内层表皮保温材料为防火棉。2009年2月9日因燃放烟花导致重大火灾,火势沿保温材料朝多个方向迅速蔓延,瞬间从大楼顶部蔓延到整个大楼,过火面积超过10万 m²。

失火时序:①烟花点燃屋顶防水卷材和保温材料,形成闷烧;②熔化的高温金属锌液往下流淌,火势迅速向下蔓延;③内部装修材料二次燃烧;④中庭提供持续燃烧的空间;⑤外墙玻璃破裂。

图5-46　北京中央电视台电视文化中心(TVCC)

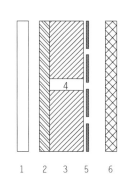

1.钛锌板　2.防水层　3.保温层
4.固定件　5.加强层　6.钢结构

a 钛锌板幕墙的构造层次

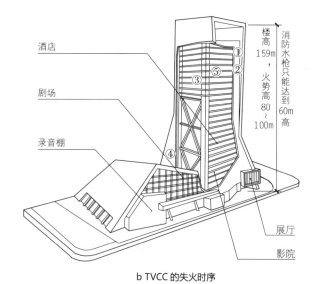

b TVCC的失火时序

Part 6 木结构建筑防火设计

Fire Protection Design for Wood Frame Construction

6. 木结构建筑防火设计

6.1 木结构建筑的防火间距

民用木结构建筑之间及其与其他民用建筑的防火间距（m）　　　　表 6-1

建筑耐火等级或类别	一、二级	三级	四级	木结构建筑	备注
木结构建筑	8	9	11	10	
	6	6.75	8.25	7.5	两座木结构建筑之间或与其他民用建筑之间，外墙上的门、窗、洞口不正对，且开口面积之和≤外墙面积的10%时
	4	4	4	4	两座木结构建筑之间或与其他民用建筑之间，外墙均无任何门、窗、洞口时，最小防火间距可为4m
	不限				当相邻建筑外墙有一面为防火墙，或建筑物之间设置防火墙截断不燃性屋面，且高出难燃性、可燃性屋面≥0.5m时

注：民用木结构建筑与其他建筑的防火间距，应符合有关四级耐火等级建筑的规定。

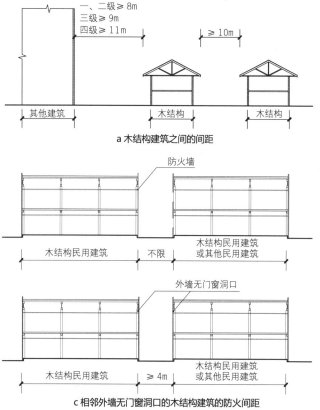

a 木结构建筑之间的间距

c 相邻外墙无门窗洞口的木结构建筑的防火间距

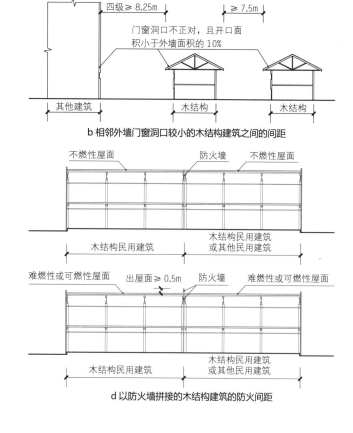

b 相邻外墙门窗洞口较小的木结构建筑之间的间距

d 以防火墙拼接的木结构建筑的防火间距

图 6-1　民用木结构建筑之间及其与其他民用建筑的防火间距

6.2 木结构建筑的允许层数及高度

民用木结构建筑或木结构组合建筑的允许层数和允许建筑高度　　　　表 6-2

木结构建筑的形式	普通木结构建筑	轻型木结构建筑	胶合木结构建筑		木结构组合建筑
允许层数（层）	2	3	1	3	7
允许建筑高度（m）	10	10	不限	15	24

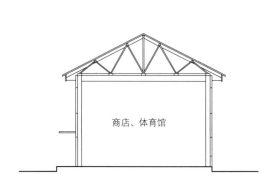

图 6-2　木结构的商店、体育馆建筑应采用单层

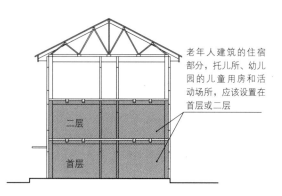

图 6-3　木结构建筑特殊功能空间设置楼层的要求

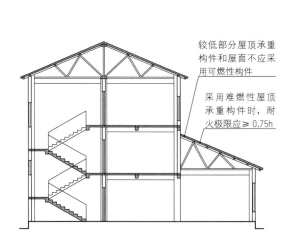

图 6-4　不同高度木结构建筑的屋顶燃烧性能和耐火极限要求

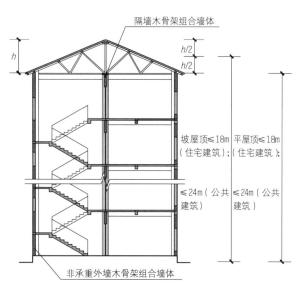

图 6-5　木骨架组合墙体的木结构建筑允许高度限值

6.3 木结构建筑的允许长度及面积

控制木结构建筑应用范围 / 高度 / 层数 / 防火分区的大小和防火间距，是控制其火灾危害的重要手段。防火墙间的每层最大允许建筑面积，是指位于两道防火墙之间的一个楼层的建筑面积。

木结构建筑中防火墙间的允许建筑长度和每层最大允许建筑面积　　表 6-3

层数（层）	防火墙间的允许建筑长度（m）	防火墙间的每层最大允许建筑面积（m²）
1	100	1800
2	80	900
3	60	600

图 6-6　可按四级耐火等级确定的木结构建筑（平面示意，需同时满足 3 个条件）

注：①当设置自动喷水灭火系统时，防火墙间的允许建筑长度和每层最大允许建筑面积可按本图的规定增加 1.0 倍（即括号内的数值）。
②体育场馆等高大空间建筑，其建筑高度和建筑面积可适当增加。

图 6-7　木结构建筑防火墙间每层最大允许建筑面积（平面示意）

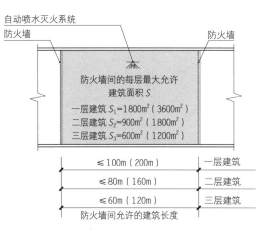

①层数≤2 层的木结构建筑　　防火墙
防火墙
②防火墙之间的建筑面积 S＜600m²
③防火墙之间的建筑长度 L＜60m

自动喷水灭火系统
防火墙　　　　　　　　防火墙
防火墙间的每层最大允许建筑面积 S
一层建筑 S₁=1800m²（3600m²）
二层建筑 S₂=900m²（1800m²）
三层建筑 S₃=600m²（1200m²）

≤100m（200m）──一层建筑
≤80m（160m）──二层建筑
≤60m（120m）──三层建筑
防火墙间允许的建筑长度

6.4 木结构建筑的安全疏散

木结构建筑的安全疏散较之其他民用建筑，规范要求更为严格。当木结构建筑的每层建筑面积 < 200m² 且第二层和第三层的人数之和 ≤ 25 人时，可设置 1 部疏散楼梯。

房间直通疏散走道的疏散门至最近安全出口的直线距离（m）　　表 6-4

名称	双向疏散（a）	袋形走道(b)
托儿所、幼儿园、老年人建筑	15	10
歌舞娱乐放映游艺场所	15	6
医院和疗养院建筑、教学建筑	25	12
其他民用建筑	30	15

注：①房间内任一点至疏散门的直线距离，应 ≤ 表中 b 值。
②疏散走道、安全出口、疏散楼梯和房间疏散门每百人的最小疏散净宽度要求：地上 1 ~ 2 层为 0.75m/ 百人，地上 3 层为 1.00m/ 百人。

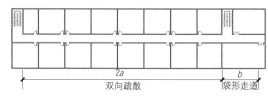

2a　　　　　　　　　　　　b
双向疏散　　　　　　　袋形走道

注：图中 a、b 值与表 6-4 对应。

图 6-8　木结构建筑的疏散距离

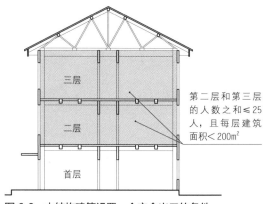

三层
二层
首层

第二层和第三层的人数之和 ≤ 25 人，且每层建筑面积 < 200m²

图 6-9　木结构建筑设置一个安全出口的条件

6.5 木结构建筑的耐火构造设计

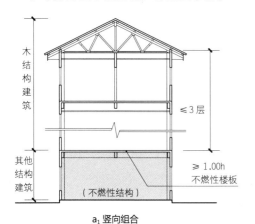

a₁ 竖向组合

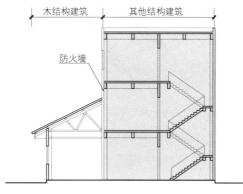

a₂ 水平组合

a：木结构建筑部分和其他结构建筑部分的防火设计，可分别按木结构建筑和其他结构建筑规范规定。

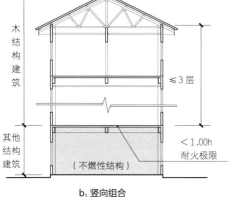

b₁ 竖向组合

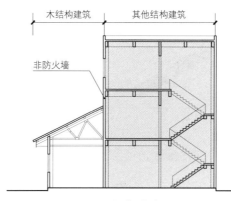

b₂ 水平组合

b：所有结构类型建筑的防火设计，均按木结构建筑规范规定。

图 6-10 木结构建筑与其他结构建筑组合建造的防火设计要求

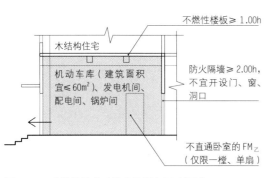

图 6-11 木结构住宅建筑内的设备用房要求

木结构建筑构件的燃烧性能和耐火极限   表 6-5

构件名称	燃烧性能	耐火极限（h）
防火墙	不燃性	3.00
承重墙，住宅建筑单元之间的墙和分户墙，楼梯间的墙	难燃性	1.00
电梯井的墙	不燃性	1.00
非承重外墙，疏散走道两侧的隔墙	难燃性	0.75
房间隔墙	难燃性	0.50
承重柱	可燃性	1.00
梁	可燃性	1.00
楼板	难燃性	0.75
屋顶承重构件	可燃性	0.50
疏散楼梯	难燃性	0.50
吊顶	难燃性	0.15

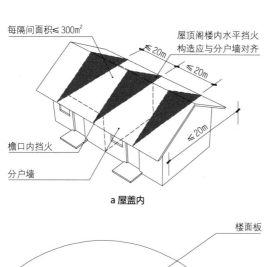

图 6-12　木结构建筑屋盖及楼盖内挡火构造措施

a 屋盖内

b 楼盖内

每隔间面积 ≤ 300m²

屋顶阁楼内水平挡火构造应与分户墙对齐

≤ 20m

≤ 20m

≤ 20m

檐口内挡火

分户墙

楼盖或顶棚格栅

水平挡火构造与隔墙对齐

吊顶

隔墙

楼面板

顶梁板

吊顶

水平挡火构造

a 局部下沉式吊顶竖向挡火构造

竖向挡火构造

b 楼梯与楼盖之间的竖向挡火构造

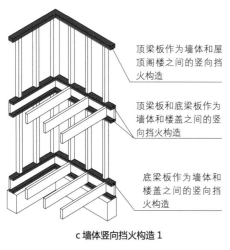

顶梁板作为墙体和屋顶阁楼之间的竖向挡火构造

顶梁板和底梁板作为墙体和楼盖之间的竖向挡火构造

底梁板作为墙体和楼盖之间的竖向挡火构造

c 墙体竖向挡火构造 1

顶梁板作为墙体和屋顶阁楼之间的竖向挡火构造

连续墙骨柱，2 层或多层

楼盖与墙体之间的竖向挡火构造

d 墙体竖向挡火构造 2

烟囱

不燃烧材料作为竖向挡火构造

楼层标高

e 楼盖与烟囱之间的防火构造

图 6-13　木结构建筑竖向挡火构造措施

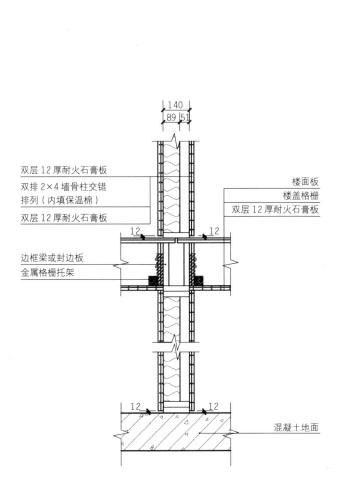

图 6-14 双排 2×4 交错排列分户墙与等高楼盖的耐火构造

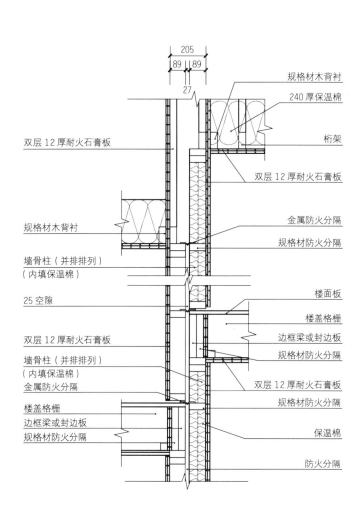

图 6-15 分户墙与不等高楼盖的耐火构造

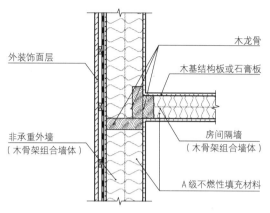

外装饰面层

木龙骨

木基结构板或石膏板

非承重外墙
（木骨架组合墙体）

房间隔墙
（木骨架组合墙体）

A级不燃性填充材料

图 6-16　木骨架组合墙体构造示意

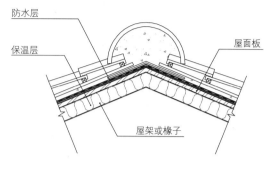

防水层

保温层

屋面板

屋架或椽子

注：轻型木结构建筑的屋顶，除防水层、保温层及屋面板外，其
他部分均应视为屋面承重构件，耐火极限应 ≥ 0.50h，且不应
采用可燃性构件。

图 6-17　坡屋顶耐火构造示意

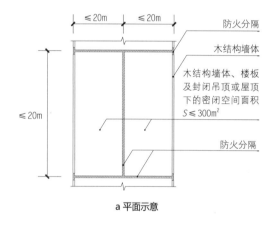

≤20m　≤20m

≤20m

防火分隔

木结构墙体

木结构墙体、楼板
及封闭吊顶或屋顶
下的密闭空间面积
$S ≤ 300m^2$

防火分隔

a 平面示意

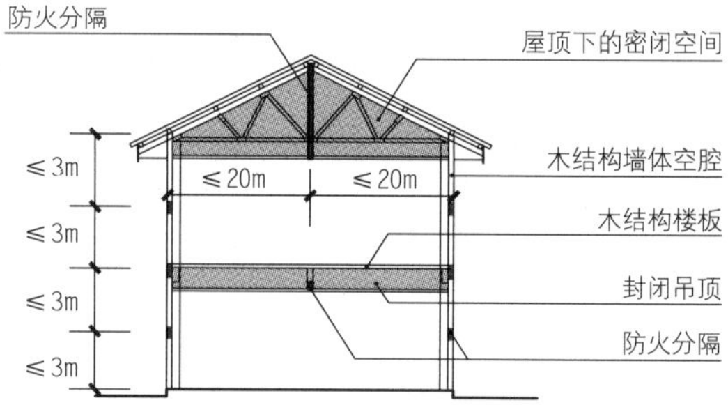

防火分隔

屋顶下的密闭空间

木结构墙体空腔

木结构楼板

封闭吊顶

防火分隔

≤20m　≤20m

≤3m
≤3m
≤3m
≤3m

b 剖面示意

图 6-18　木结构建筑密闭空
间（空腔）的防火
分隔

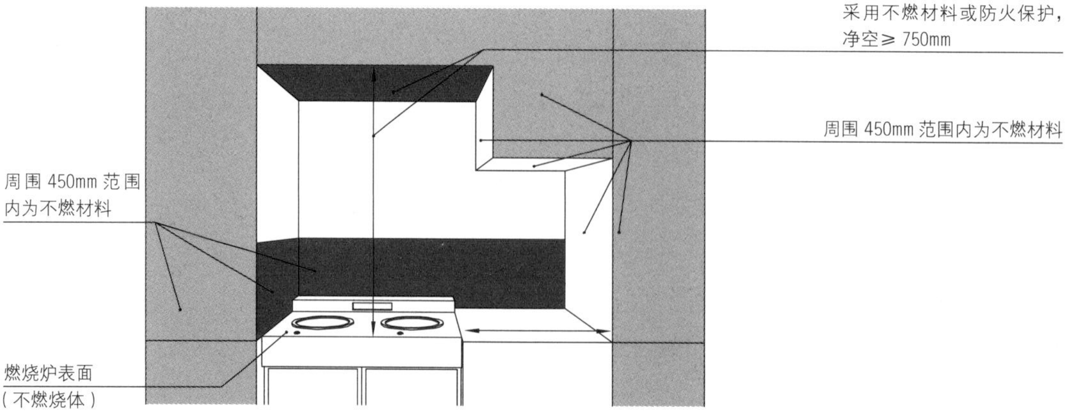

采用不燃材料或防火保护，
净空 ≥ 750mm

周围 450mm 范围内为不燃材料

周围 450mm 范围
内为不燃材料

燃烧炉表面
（不燃烧体）

图6-19　木结构建筑烹饪炉
周围净空要求示意

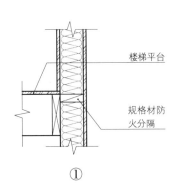

①

楼梯平台

规格材防火分隔

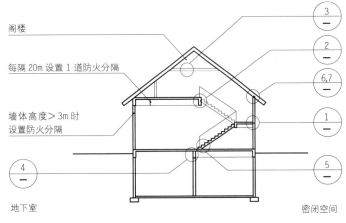

阁楼

每隔 20m 设置 1 道防火分隔

墙体高度＞3m 时设置防火分隔

地下室

密闭空间

③

②

⑥,⑦

①

④

⑤

轻型木结构建筑的防火分隔措施（剖面示意）

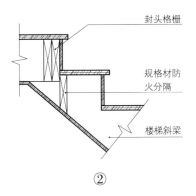

②

封头格栅

规格材防火分隔

楼梯斜梁

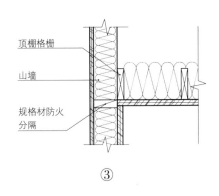

③

顶棚格栅

山墙

规格材防火分隔

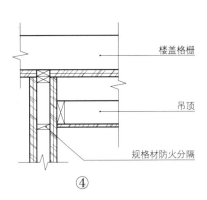

④

楼盖格栅

吊顶

规格材防火分隔

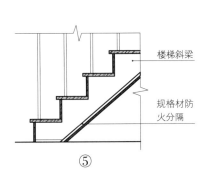

⑤

楼梯斜梁

规格材防火分隔

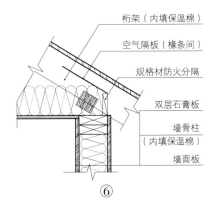

⑥

桁架（内填保温棉）

空气隔板（椽条间）

规格材防火分隔

双层石膏板

墙骨柱（内填保温棉）

墙面板

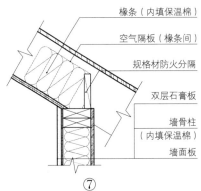

⑦

椽条（内填保温棉）

空气隔板（椽条间）

规格材防火分隔

双层石膏板

墙骨柱（内填保温棉）

墙面板

图 6-20 轻型木结构建筑的防火分隔措施

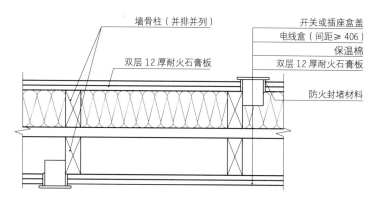

图6-21 开关或电源插座防火封堵

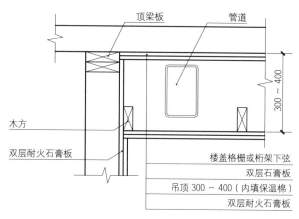

图6-22 风道防火封堵

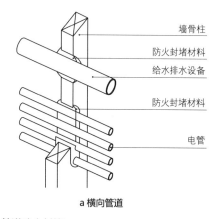

a 横向管道

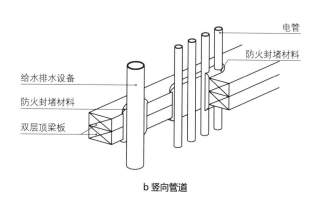

b 竖向管道

图 6-23 管道防火封堵

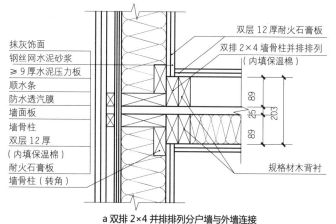

a 双排 2×4 并排排列分户墙与外墙连接

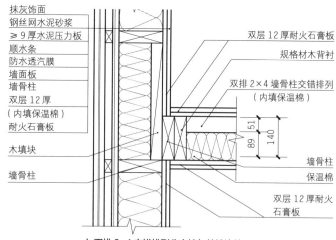

b 双排 2×4 交错排列分户墙与外墙连接

图 6-24 分户墙与外墙连接防火分隔

Part 7

消防设施和电气

Fire Protection Facility and Electric Fire Protection Design

7. 消防设施和电气

7.1 防烟、排烟设施设计

　　防烟、排烟设计的主要目的是排出火灾时产生的烟气和热量。

　　火灾烟气中含有多种对人体有害的成分。在疏散通道和非着火部位，防烟设施可阻止烟气侵入；在建筑的着火部位，排烟设施可排除火灾产生的烟气和热量。设置防排烟设施对保证人员安全疏散、控制火灾蔓延和辅助灭火救援具有重要作用。

7.1.1 防烟分区

　　设置排烟系统的场所或部位应划分防烟分区，防烟分区不应跨越防火分区，并应符合下列要求：

　　1）防烟分区面积应≤500m²；

　　2）采用隔墙等形成封闭的分隔空间时，该空间应作为一个防烟分区；

　　3）防烟分区应采用挡烟垂壁、结构梁及隔墙等划分；

　　4）储烟仓高度应≥空间净高的10%，且应≥500mm；

　　5）同一防烟分区应采用同一种排烟方式，中庭应采用排烟措施。

　　室内或走道的任一点至防烟分区最近的排烟口或排烟窗的水平距离应≤30m，当室内高度>6m，且具有自然对流条件时，其水平距离可增加25%。

　　排烟窗应设置在排烟区域的顶部或外墙，设置在外墙上时，排烟窗应在储烟仓或室内净高度的1/2以上，并沿火灾烟气的气流方向开启。

　　6）排烟阀或排烟口，应设在防烟分区形成的储烟仓内，走道内排烟口设置在侧墙上时，其最近的边缘与吊顶的距离应≤0.5m；排烟口与附近安全出口相邻边缘的水平距离应≥1.5m。

7.1.2 防烟系统设计的一般规定

　　1）≤50m的公共建筑、≤100m的住宅建筑，其防烟楼梯间及其前室、消防电梯前室及合用前室，宜采用自然通风的防烟系统。

　　2）>50m的公共建筑、>100m的住宅建筑，其防烟楼梯间及其前室、消防电梯前室及合用前室，应采用机械加压送风的防烟系统。

　　3）>100m的超高层建筑，其送风系统应竖向分段设置，且每段高度应≤100m。

7.1.3 自然通风设施的设置

　　1）封闭楼梯间、防烟楼梯间每5层内的可开启排烟口的有效面积应≥2.0m²，且在该楼梯间的最高部位应设置有效面积≥1.0m²的可开启外窗或开口。

　　2）防烟楼梯间前室、消防电梯前室可开启排烟口的有效面积应≥2.0m²，合用前室应≥3.0m²。

　　3）自然通风方式的避难层应开启不同朝向的可开启外窗，有效面积应≥地面面积的2%，且每个朝向的有效面积应≥2.0m²。

7.1.4 机械加压送风设施的设置

　　1）不具备自然排风条件的防烟楼梯间、消防电梯间前室或合用前室。

　　2）采用自然排烟措施的防烟楼梯间，其不具备自然排烟条件的前室。

　　3）封闭避难层（间）。

防烟和排烟设施的设置部位   表 7-1

防烟或排烟设施的要求	场所或部位
应设置防烟设施的场所或部位	1）防烟楼梯间及其前室； 2）消防电梯间前室或合用前室； 3）避难走道的前室、避难层（间）
可不设置防烟系统的楼梯间	建筑高度≤50m 的公共建筑和建筑高度≤100m 的住宅建筑的楼梯间，其前室或合用前室需满足下列条件之一： 1）采用敞开的阳台、凹廊； 2）有不同朝向的可开启外窗，且满足自然排烟口面积要求
应设置排烟设施的场所或部位	1）设置在一、二、三层且房间建筑面积>100m² 的歌舞娱乐放映游艺场所； 2）设置在四层及以上楼层、地下或半地下的歌舞娱乐放映游艺场所； 3）中庭； 4）公共建筑内建筑面积>100m² 且经常有人停留的地上房间； 5）公共建筑内建筑面积>300m² 且可燃物较多的地上房间； 6）建筑内长度>20m 的疏散走道； 7）地下或半地下建筑（室）、地上建筑内的无窗房间，当总建筑面积>200m² 或一个房间建筑面积>50m²，且经常有人停留或可燃物较多时

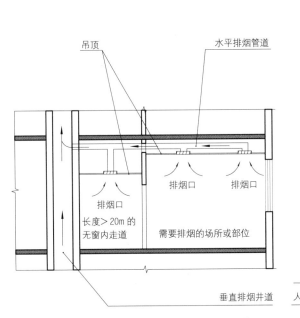

图 7-1 排烟设施设置

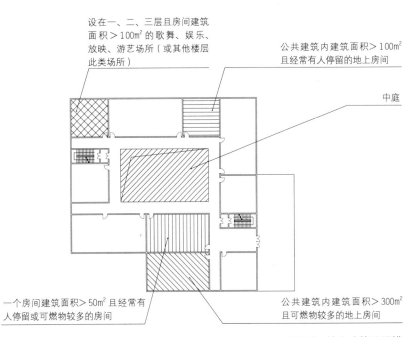

图7-2 地上建筑设置排烟设施示意

7.1.5 防烟楼梯间的类型

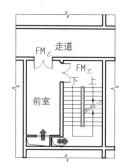

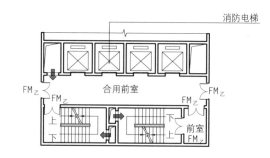

图 7-3 楼梯间及前室均正压送风的防烟楼梯间

a 楼梯间、前室均不可开启外窗

b 合用前室、楼梯间均正压送风

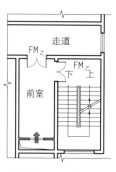

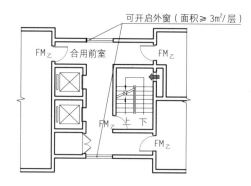

图 7-4 局部正压送风的防烟楼梯间

a 楼梯间不可开启外窗

b 前室不可开启外窗

c 合用前室两个朝向可开启外窗，楼梯间正压送风

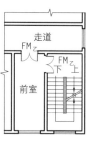

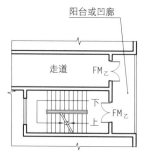

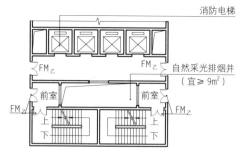

图 7-5 自然排烟的防烟楼梯间

a 楼梯间、前室均可开启外窗

b 阳台或凹廊作为前室

c 自然采光排烟井

7.2 消防应急照明和疏散指示标志

7.2.1 疏散照明设置部位

除建筑高度＜27m 的住宅建筑外，民用建筑的下列部位应设置疏散照明：

1）封闭楼梯间、防烟楼梯间及其前室、消防电梯间的前室或合用前室、避难走道、避难层（间）；

2）观众厅、展览厅、多功能厅和建筑面积＞200m² 的营业厅、餐厅、演播室等人员密集的场所；

3）建筑面积＞100m² 的地下或半地下公共活动场所；

4）公共建筑内的疏散走道。

7.2.2 疏散指示标志设置

1）灯光疏散指示标志设置部位及要求

公共建筑、建筑高度＞54m 的住宅建筑应设置灯光疏散指示标志，并应符合下列规定：

①设置在安全出口和人员密集的场所的疏散门的正上方。

②设置在疏散走道及其转角处距地面高度＜1.0m 的墙面或地面上。灯光疏散指示标志的间距应≤20m；对于袋形走道，应≤10m；在走道转角区，应≤1.0m。

2）疏散指示标志

下列建筑或场所应在疏散走道和主要疏散路径的地面上增设能保持视觉连续的灯光或蓄光疏散指示标志：

①总建筑面积＞8000m² 的展览建筑；

②总建筑面积＞5000m² 的地上商店；

③总建筑面积＞500m² 的（半）地下商店；

④歌舞娱乐放映游艺场所；

⑤座位数＞1500 个的电影院、剧场，座位数＞3000 个的体育馆、会堂或礼堂；

⑥交通建筑中建筑面积＞3000m² 的候车室、候船厅和航站楼的公共区。

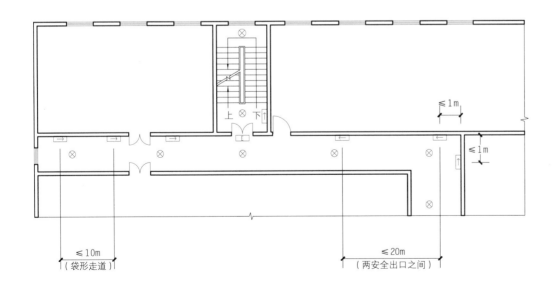

⊗　疏散照明
⊏⊐　安全出口指示
⟶　疏散方向指示

图 7-6　疏散走道应急照明和疏散指示标志设置示意

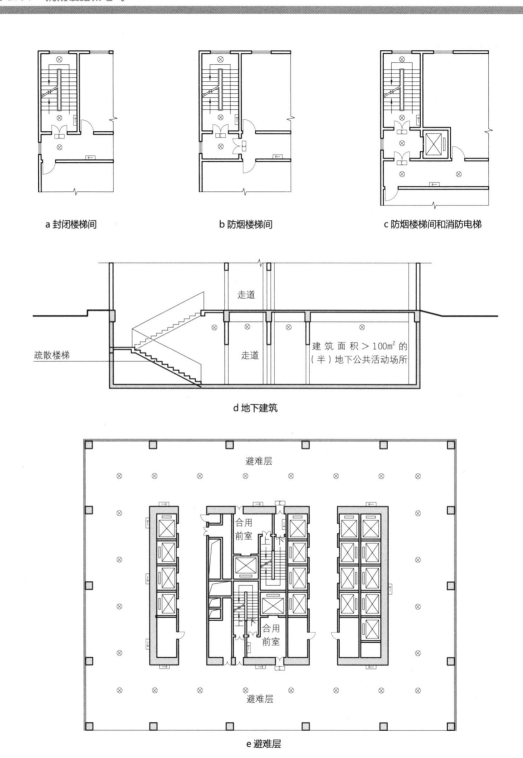

a 封闭楼梯间   b 防烟楼梯间   c 防烟楼梯间和消防电梯

d 地下建筑

e 避难层

⊗ 疏散照明

安全出口指示

疏散方向指示

图7-7 消防应急照明和疏
散指示标志示意

7.3 火灾自动报警系统

7.3.1 公共建筑的设置部位

1）任一层建筑面积＞1500m² 或总建筑面积＞3000m² 的商店、展览、财贸金融、客运和货运等类似用途的建筑，总建筑面积＞500m² 的（半）地下商店。

2）图书或文物的珍藏库，藏书＞50 万册的图书馆，重要的档案馆；

3）地市级及以上广播电视建筑、邮政建筑、电信建筑，城市或区域性电力、交通和防灾等指挥调度建筑；

4）特等、甲等剧场，座位数＞1500 个的其他等级的剧场或电影院，座位数＞2000 个的会堂或礼堂，座位数＞3000 个的体育馆；

5）大、中型幼儿园的儿童用房等场所，老年人建筑，任一层建筑面积＞1500m² 或总建筑面积＞3000m² 的疗养院的病房楼、旅馆建筑和其他儿童活动场所，≥200 个床位的医院门诊楼、病房楼和手术部等；

6）歌舞娱乐放映游艺场所；

7）净高＞2.6m 且可燃物较多的技术夹层，净高＞0.8m 且有可燃物的闷顶或吊顶内；

8）电子信息系统的主机房及其控制室、记录介质库，特殊贵重或火灾危险性大的机器、仪表、仪器设备室，贵重物品库房；

9）二类高层公共建筑内建筑面积＞50m² 的可燃物品库房和建筑面积＞500m² 的营业厅；

10）其他一类高层公共建筑；

11）设置机械排烟、防烟系统，雨淋或预作用自动喷水灭火系统，固定消防水炮灭火系统、气体灭火系统等需要与火灾自动报警系统联动的场所或部位。

7.3.2 高层住宅建筑的设置部位

1）建筑高度＞100m 的住宅建筑。

2）54m ＜建筑高度≤100m 的住宅建筑，其公共部位应设置火灾自动报警系统，套内宜设置火灾探测器。

3）建筑高度≤54m 的高层住宅建筑，其公共部位宜设置火灾自动报警系统。当设置需联动控制的消防设施时，公共部位应设置火灾自动报警系统。

4）高层住宅建筑的公共部位应设置具有语音功能的火灾声警报装置或应急广播。

住宅建筑中火灾自动报警系统的设置要求　　表 7-2

住宅建筑高度（H）	住宅公共部分		住宅套内
100m＜H	应设置火灾自动报警系统	应设置具有语音功能的火灾声警报装置或应急广播	应设置火灾自动报警系统
54m＜H≤100m	应设置火灾自动报警系统	应设置具有语音功能的火灾声警报装置或应急广播	宜设置火灾探测器
27m＜H≤54m	宜设置火灾自动报警系统	应设置具有语音功能的火灾声警报装置或应急广播	—
	当设置需联动控制的消防设施时，应设置火灾自动报警系统		

7.4 室内消火栓系统

下列建筑或场所应设置室内消火栓系统：

1）高层公共建筑和建筑高度＞21m 的住宅建筑（注：建筑高度≤27m 的住宅建筑，设置室内消火栓系统确有困难时，可只设置干式消防竖管和不带消火栓箱的 DN65 的室内消火栓）。

2）体积＞5000m³ 的车站、码头、机场的候车（船、机）建筑、展览建筑、商店建筑、旅馆建筑、医疗建筑和图书馆建筑等单、多层建筑。

3）特等、甲等剧场，＞800 个座位的其他等级的剧场和电影院等，＞1200 个座位的礼堂、体育馆等单、多层建筑。

4）建筑高度＞15m 或体积＞10000m³ 的办公建筑、教学建筑和其他单、多层民用建筑。

5）国家级文物保护单位的重点砖木或木结构的古建筑，宜设置室内消火栓系统。

6）人员密集的公共建筑、建筑高度＞100m 的建筑和建筑面积＞200m² 的商业服务网点内，应设置消防软管卷盘或轻便消防水龙。高层住宅建筑的户内宜配置轻便消防水龙。

7.5 自动灭火系统

7.5.1 高层民用建筑的设置场所

除规范另有规定和不宜用水保护或灭火的场所外，下列高层民用建筑或场所应设置自动灭火系统，并宜采用自动喷水灭火系统：

1）一类高层公共建筑（除游泳池、溜冰场外）及其（半）地下室；

2）二类高层公共建筑及其（半）地下室的公共活动用房、走道、办公室和旅馆的客房、可燃物品库房、自动扶梯底部；

3）高层民用建筑内的歌舞娱乐放映游艺场所；

4）建筑高度＞100m 的住宅建筑。

7.5.2 单、多层民用建筑的设置场所

除规范另有规定和不宜用水保护或灭火的场所外，下列单、多层民用建筑或场所应设置自动灭火系统，并宜采用自动喷水灭火系统：

1）特等、甲等剧场，＞1500 个座位的其他等级的剧场，＞2000 个座位的会堂或礼堂，＞3000 个座位的体育馆，＞5000 人的体育场的室内人员休息室与器材间等；

2）任一层建筑面积＞1500m² 或总建筑面积＞3000m² 的展览、商店、餐饮和旅馆建筑以及医院中同样建筑规模的病房楼、门诊楼和手术部；

3）设置送回风道（管）的集中空气调节系统且总建筑面积＞3000m² 的办公建筑等；

4）藏书量＞50 万册的图书馆；

5）大、中型幼儿园，总建筑面积＞500m² 的老年人建筑；

6）总建筑面积＞500m² 的（半）地下商店；

7）设置在（半）地下或地上四层及以上楼层的歌舞娱乐放映游艺场所（除游泳场所外），设置在首层、二层和三层且任一层建筑面积＞300m² 的地上歌舞娱乐放映游艺场所（除游泳场所外）。

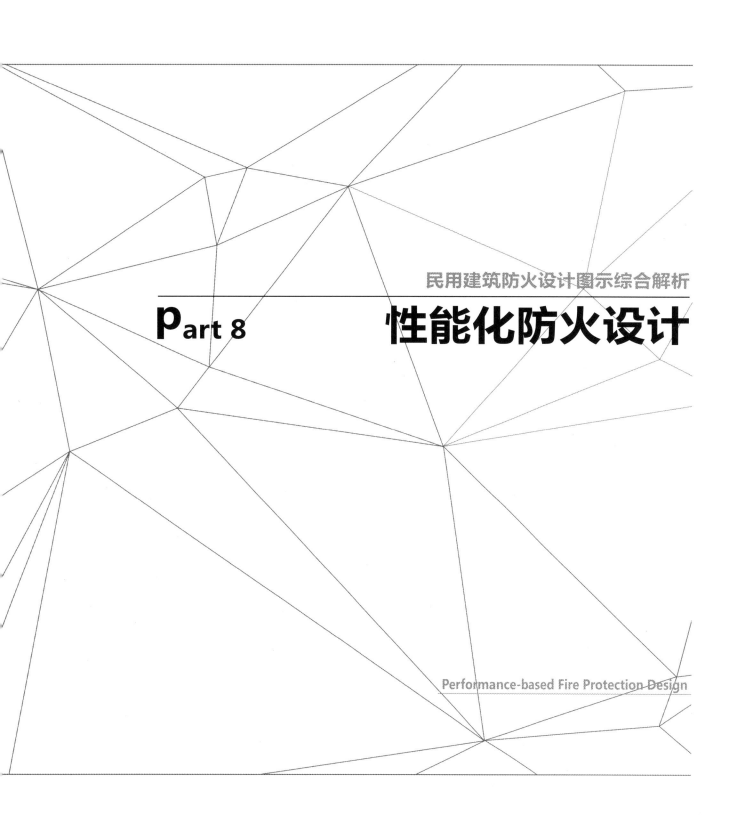

P_{art} 8

性能化防火设计

Performance-based Fire Protection Design

8. 性能化防火设计

8.1 性能化防火设计的内容及策略

8.1.1 性能化防火适用范围及内容

性能化防火设计适用于超出现行规范或用常规方案不能解决的防火设计问题：如防火分区面积过大、人员安全疏散距离过长、安全出口不足、无法细分防烟分区等情形。在人员全部疏散到各安全出口的时间内，烟气浓度和火灾温度尚未达到致人伤害的临界值时，其防火设计便是可行的，反之则需修改防火设计。

适用对象：高层建筑、古建筑、体育场馆、大型商业建筑、会展建筑、交通枢纽等场所，其建筑结构及空间特征：高顶棚、大尺度、大跨度、大通透。这类建筑防火设计典型的共性问题包括：防烟分区划分、人员疏散设计、防火分隔形式、排烟系统设置、结构耐火设计及灭火系统设置等，难以遵循现行防火设计规范来设计。

8.1.2 性能化防火设计策略

性能化防火设计是运用消防安全工程学原理和计算机手段，针对火灾特征、人的特征和建筑特征，确立总体消防安全目标，建立可能发生的典型火灾场景，运用定量计算分析火灾危险性，并进行个性化的建筑防火设计和评估，以寻求防火安全目标、火灾损失目标和工程设计目标之间的高度协调，从而实现火灾防治的科学性、有效性和经济性的统一。

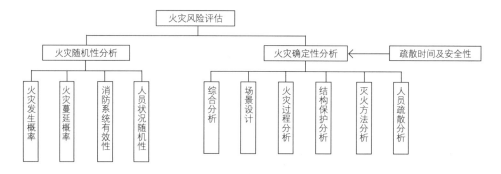

图 8-1 建筑火灾风险评估的总体思路

性能化防火设计的各类目标及性能判定依据 表 8-1

	防火安全目标	火灾损失目标	工程设计目标	性能判定依据
与生命安全直接相关的目标（主要目标）	火灾中各类人员的安全（包括建筑物的使用者、消防队员等）	起火房间之外没有人员死亡	保证疏散通道处于人员可承受的状况，使得起火房间外的人员可逃离至安全区域	疏散通道状况：上部气层温度<80℃；地面处接收的辐射热通量<10kW/m²，能见度>4m，起火后30分钟的CO浓度<0.14%
与其他安全相关的目标	保证财产和遗产安全	火灾不会在起火房间外的空间内蔓延	限制火焰向起火房间之外的空间蔓延	起火房间状况与以下要求比较：顶部温度<500℃；地面接收的辐射热通<10kW/m²
	保证重要系统运行的连续性	不发生不必要的停工	限制空气中HCL浓度，使其小于能对目标设备产生不可接受的损坏的水平	目标设备状况：最大的PVC使用量<Xkg；已燃烧的面积<Ym²
	减少火灾及消防措施对环境的影响	火灾和灭火过程中产生的有毒物质不会污染地下水	提供一个合适的废水收集方式	排水管的截面积Xm²；总的废水收集池容积<Ym³

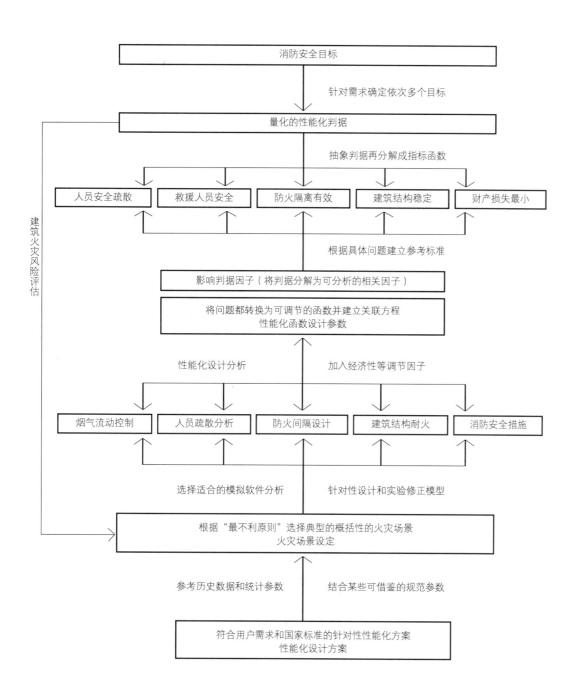

图 8-2　性能化防火设计策略分析

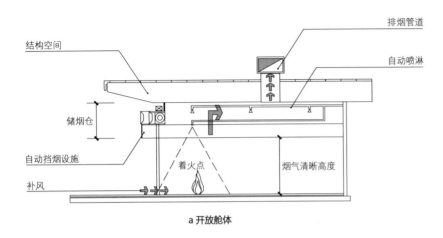

结构空间

排烟管道

自动喷淋

储烟仓

自动挡烟设施

补风

着火点

烟气清晰高度

a 开放舱体

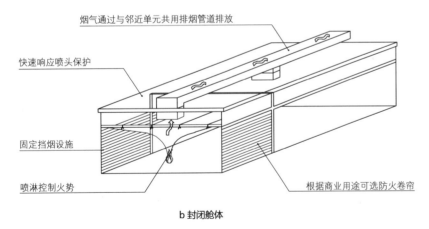

烟气通过与邻近单元共用排烟管道排放

快速响应喷头保护

固定挡烟设施

喷淋控制火势

根据商业用途可选防火卷帘

b 封闭舱体

"舱体"防火要求：顶棚耐火极限 ≥ 1.00h，设置自动喷淋系统、火灾自动报警系统。面积较大或内部可燃物较多时，还应设置机械排烟设施和防火卷帘（或挡烟垂壁）以形成储烟仓。

图 8-3 "舱体"示意

8.2 性能化防火设计案例解析

8.2.1 案例 1：高大空间性能化防火设计

1）"舱体"设计

"舱体"作为"防火单元"，常用于无法设置物理防火分隔的大空间公共建筑（如交通枢纽、会展中心、大型商场等），对火灾荷载集中场所进行保护，可将火灾限制在起火区域，避免对大空间造成影响。

2）"燃料岛"设计

"燃料岛"主要应用于交通枢纽等大空间建筑的性能化设计，要求可燃物之间或可燃物与高火载荷区域之间保持足够的安全距离。"岛"之间以及"岛"和其他可燃物之间的距离应 ≥ 6m。电话亭、流动摊点等"岛"的面积宜 ≤ 20m²，直接暴露在大空间中的茶座、软席候车等"岛"的面积宜 ≤ 100m²。

3）防火单元

防火单元是在大空间内利用防火隔离带、实际物理隔断（如防火玻璃、防火隔墙）等措施，划分出一个个相对独立的防火分隔区域，可有效阻止火势蔓延至相邻区域。

4）防火隔离带

防火隔离带是可燃物群之间保持足够的间距，以相应宽度的通道来控制热辐射不致引燃另一侧，其间不应布置可燃物。

5）冷烟清除

利用空调系统结合大空间的自然通风口，可将冷烟清除，高大空间在空间上部设置储烟仓将有利于排烟。排烟口通常为空调系统的回风口，设置在距地 2 ~ 3m 以上的高度。

8.2.2 案例 2 : 贵阳国际会议中心

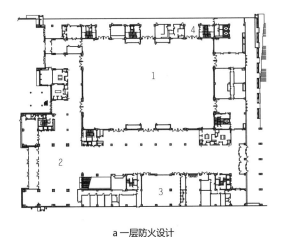

a 一层防火设计

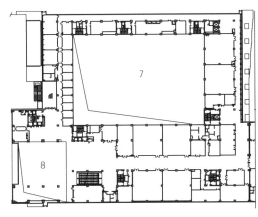

b 二层防火设计

c 三层防火设计

1.大宴会厅   4.集散空间2   7.大宴会厅上空
2.门厅   5.集散空间3   8.门厅上空
3.集散空间1   6.集散空间4   9.大会议厅

图8-4 贵阳国际会议中心

贵阳国际会议中心一层的大宴会厅和三层的大会议厅，因使用功能的要求，无法在厅内再行划分防火分区，也不能再布置疏散楼梯。

根据建筑布局以及对一、三层的火灾荷载分布研究，大宴会厅和大会议厅四周主要为前厅、公共走道和后勤走道等集散空间，火灾危险性非常低。因此，可将该集散空间作为准安全区。大厅内人员首先疏散到集散空间，再由集散空间疏散至室外。

集散空间采取的消防措施包括：

①不设置可燃物，保证疏散通道畅通；

②会议厅/室、其他会议服务房间采用防火墙及 FM$_{甲}$与集散空间分隔；

③每层平面共设置两个相互独立的集散空间，若其中一个发生火灾，人员仍可通过另一个空间进行疏散；

④设置疏散指示、消防电话、消防广播、应急照明等装置，并按规范进行室内装修和设置自动喷水灭火系统、室内消火栓系统、防排烟系统。

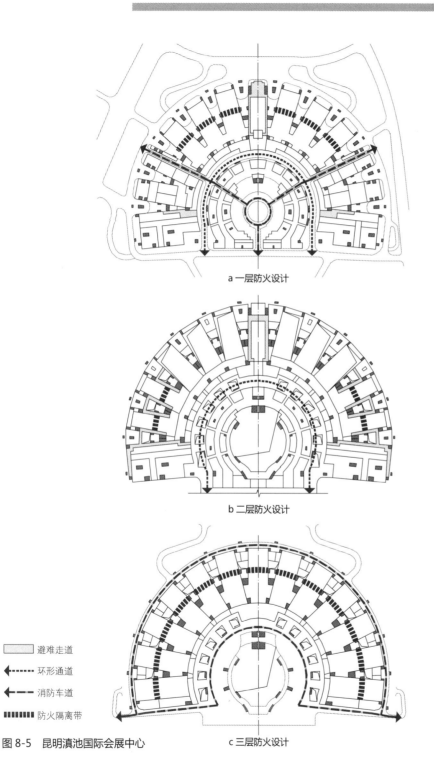

a 一层防火设计

b 二层防火设计

c 三层防火设计

避难走道

环形通道

消防车道

防火隔离带

图 8-5　昆明滇池国际会展中心

8.2.3 案例 3：昆明滇池国际会展中心

昆明滇池国际会展中心功能复杂、空间关系多样，依照现行规范关于防火分区、安全疏散的规定，难以实现特定的使用功能、建筑效果及构造需求。

展厅空间高大，单个展厅面积达上万平方米，防火分区划分是突出的难题。针对空间进深大、疏散距离长的问题，将避难走道纳入安全疏散系统，并将一条环形通道设置为不完全封闭的空间，作为准安全区。火灾时建筑内部人员需先疏散至环形通道，再疏散至室外。

展厅采取的防火措施：①展厅之间用防火墙进行分隔，局部开口处设置 FM甲 或特级防火卷帘；②展厅内采用防火隔离带划分防火区域：在展厅内设置一定宽度的隔离空间，防止火灾相互蔓延；③展厅内设置光截面图像感烟探测器、自动跟踪定位射流灭火系统和机械排烟系统。

环形通道和避难走道的防火措施：①仅作为交通空间，不具其他功能；②通道内任一点至最近安全出口的步行距离≤60m；③通道每隔 50m 设置消火栓，并设置消防应急照明、疏散指示标志和应急广播系统；④设置两条避难走道直通室外。

8.2.4 案例 4：上海世博主题馆

1）建筑概况

主题馆东西长约 290m，南北宽约 190m，共有 5 个展馆，地下 1 层，地上 2 层，地上建筑面积约 8.0 万 m^2，地下建筑面积约 4.8 万 m^2，总建筑面积为 129409m^2。建筑屋面桁架下弦中心高度为 23.5m，属多层大空间展览建筑。

主题馆内较长的疏散距离、复杂的疏散路径、分区面积大、人员构成多样性，是人员安全疏散面临的最大难点。

2）准安全区：中部休息厅

①防火分区策略

建筑中部各层休息大厅通过楼梯及楼板开口连通，作为同一防火分区考虑。各展厅与入口大厅及休息大厅之间设置防火分隔，该区域被视为准安全区，采用不燃材料装饰，通过喷淋、火灾自动报警、排烟等措施保障安全。

②烟气控制策略

地下一层休息厅采用机械排烟。该休息厅与一层通过楼梯连接，楼梯四周设置挡烟垂壁分隔，休息厅分为 2 个防烟分区。

一层休息大厅采用机械排烟。休息大厅通过孔洞与二层空间连通，孔洞周围采用挡烟垂壁进行分隔，共划分为 4 个防烟分区。

二层休息大厅采用机械排烟。休息大厅净空高度大，在顶部能起到有效储烟仓的作用，烟气可通过机械排烟有效排除。

3）地下展厅及休息厅防火设计策略

①防火分区策略

地下一层设一个展厅、会议区、设备用房、停车库，地下夹层设办公与员工餐厅、停车库。休息大厅北侧连接室外下沉广场，东侧设置室外下沉通道。展厅尺寸为 126.3m × 108.7m，层高 9.0m。

地下展厅分为 2 个独立的防火分区，采用防火墙和局部防火卷帘与其他区域分隔。展厅内设置一条 9m 宽的防火隔离带，两个展厅防火分区之间设 6m 宽的疏散通道。每个区域的使用面积约为 3100m^2，防火隔离带与各安全出口相连。与其他区域相连的疏散门均采用 $FM_甲$，展厅入口旋转门处用防火卷帘分隔。

②烟气控制策略

地下展厅内的防烟分区主要通过下垂梁（梁高 1.5m）进行分隔。展厅内采用机械排烟，隔离带内设置独立排烟系统。展厅净空高度大，顶部能起到有效储烟仓的作用，烟气可通过机械排烟有效排除。

4）一层展厅及休息大厅防火设计策略

①防火分区策略

一层平面由东侧 1 号展厅，西侧 2 号、3 号展厅和休息大厅组成，大厅为观展人员进入各展厅的交通枢纽。

1 号展厅尺寸为 183m × 109.2m，层高 12m。1 号展厅为独立防火分区，展厅用防火墙与其他区域分隔，内部设置 2 条 12m 宽的防火隔离带，将展厅划分为 3 个防火单元。防火隔离带与各安全出口相连。1 号展厅与其他区域相连的疏散门均采用 $FM_甲$，展厅入口的旋转门处用防火卷帘分隔。

2 号、3 号展厅的轮廓尺寸为 183m × 145.2m，室内屋架结构下沿净高超过 14m，屋面板底面净高超过 20m。2 号、3 号展厅作为一个独立的防火分区，采用防火墙与其他区域分隔。展厅内东西向设置一条 12m 宽的防火隔离带，将展厅划分为 2 个独立的防火单元，每个单元面积约为 12080m^2，可保证展厅人员疏散时快速到达准安全区。防火隔离带与各安全出口相连。

②烟气控制策略

1 号展厅通过下垂梁（梁高 1.5m）分隔成 6 个防烟分区。展厅采用机械排烟，隔离带内单独设置机械排烟系统。1号展厅高度大，顶部能起到有效储烟仓的作用，烟气可通过机械排烟有效排除。2号、3号展厅为单层展厅，采用自然排烟，顶部开启的排烟窗占地面面积的2%。

5）二层展厅及休息大厅防火设计策略

二层主要包括4号展厅、休息大厅、部分餐饮及办公用房。

①防火分区策略

4号展厅尺寸为183m×109.2m，室内屋架下沿净高9.5m。4号展厅设计为一个独立的防火分区，采用防火墙与其他区域分隔。展厅内设置2条12m宽的防火隔离带，将展厅划分为3个防火单元，每个防火单元面积约为5780m²。防火隔离带与各安全出口相连。

②烟气控制策略

4号展厅采用自然排烟方式，顶部排烟窗占地面面积的2%。

6）小结

①以"防火隔离带"划分"防火单元"的方式对各展厅进行防火分隔，结合理论公式计算与FDS模拟，确定防火隔离带宽度及可燃物的安全间距。

②通过"可信且最不利"的原则设计5个典型火灾场景，重点考查各展厅及休息厅的人员疏散情况，模拟结果表明，在性能化设计策略条件下，均可将火灾环境维持在人员相对安全的水平。

③对主题馆展厅采用"分阶段疏散"策略：人员从各展厅疏散至准安全区（中部休息厅），再疏散至室外。针对可能出现的火灾场景分别制定具体的疏散方案，使得所需疏散时间（T_{REST}）大大缩小，保证一定的安全余量。采用Building Exodus软件模拟人员疏散过程及时间，并对结果进行分析和提出建议。

④为确保人员安全疏散，室内主要疏散通道及疏散口处不得放置阻碍人员通行的物品和可燃物；中部休息大厅等区域必须使用不燃材料装修，不得有固定可燃物。为加强疏散诱导系统，要求设置消防应急疏散指示系统。

⑤使用隔离带的方法进行展区间的分隔，设置12m的防火隔离带防止火灾蔓延。防火隔离带内不得设有任何固定的可燃物，并应设置单独的自动灭火系统、独立排烟系统。

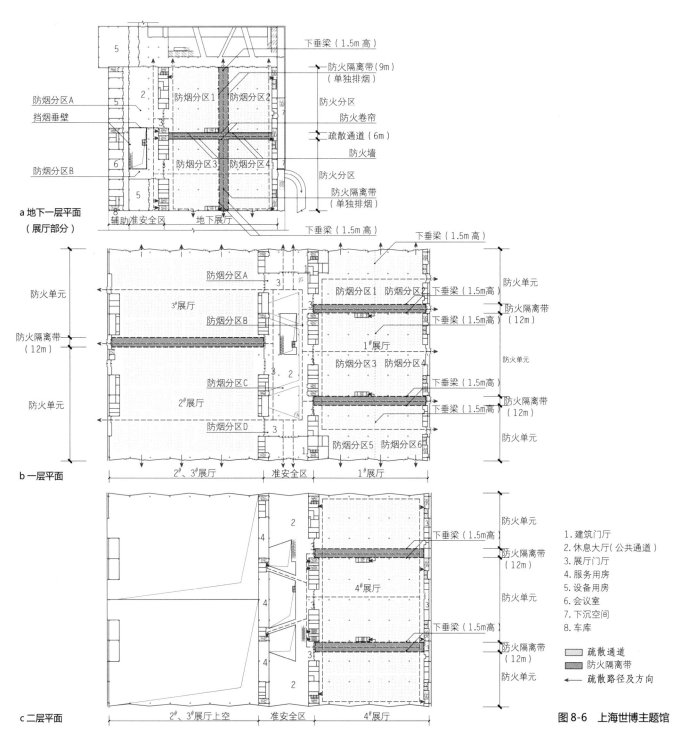

a 地下一层平面
（展厅部分）

下垂梁（1.5m 高）

防火隔离带（9m）
（单独排烟）

防烟分区A
挡烟垂壁

防火分区
防火卷帘
疏散通道（6m）
防火墙

防烟分区B

防火分区
防火隔离带
（单独排烟）

下垂梁（1.5m 高）

b 一层平面

防火单元

防火隔离带
（12m）

防火单元

下垂梁（1.5m 高）

下垂梁（1.5m 高）

防火单元

防火隔离带
（12m）

防火单元

下垂梁（1.5m 高）

防火单元

防烟分区A
3#展厅
防烟分区B

防烟分区C
2#展厅
防烟分区D

防烟分区1 防烟分区2

1#展厅

防烟分区3 防烟分区4

防烟分区5 防烟分区6

2#、3#展厅 准安全区 1#展厅

c 二层平面

防火单元

防火隔离带
（12m）

防火单元

下垂梁（1.5m 高）

4#展厅

下垂梁（1.5m 高）

2#、3#展厅上空 准安全区 4#展厅

1.建筑门厅
2.休息大厅(公共通道)
3.展厅门厅
4.服务用房
5.设备用房
6.会议室
7.下沉空间
8.车库

▨ 疏散通道
▨ 防火隔离带
← 疏散路径及方向

图 8-6 上海世博主题馆

图表来源
(Source of Figure and Chart)

图片来源

编号	来源 / 设计单位
图 1-3、图 2-9、图 2-15、图 2-16、图 3-6、图 3-9、图 4-18、图 4-34 、图 4-38 、图 5-1、图 5-19、图 5-44、图 5-45、图 6-4 、图 6-6、图 6-7、图 6-16、图 6-17、图 6-18、	《建筑设计防火规范》图示 13J811-1 改
图 2-2	章孝思 . 高层建筑防火安全设计 [M]. 成都 : 四川科技出版社，1989.
图 2-6、图 3-15、图 3-18	《汽车库、修车库、停车场设计防火规范》图示 12J814
图 2-21	家琨建筑设计事务所
图 2-22	中信华南（集团）建筑设计院
图 2-23	杭州市建筑设计研究院有限公司
图 2-24	http://news.winshang.com/html/007/4972.html
图 2-25	http://www.kinpan.com/detail/index/201507061407312812500915e4b15a9
图 2-26	悉地国际设计顾问（深圳）有限公司
图 2-27	斯蒂文·霍尔建筑师事务所
图 2-28	山东同圆设计集团有限公司
图 2-29、图 4-87	华南理工大学建筑设计研究院
图 2-30	北京市建筑设计研究院
图 2-31	http://www.ikuku.cn/post/30584
图 2-32	URBANUS 都市实践
图 2-33、图 4-48、图 4-69、图 4-77	重庆市设计院
图 2-34	中国建筑上海设计研究院有限公司
图 2-35	中建国际（深圳）设计顾问有限公司
图 2-36	http://www.archnews.cn/works/563964.html
图 3-20	倪阳，邓孟仁，林琳 . 大型公共建筑消防探讨——广州国际会议展览中心建筑消防设计 [J]. 建筑学报，2005，02:59-61.
图 3-22、图 3-25	天津市建筑设计院
图 3-28	万达商业规划研究院有限公司，中国核工业设计院郑州分公司，洲联集团五合国际建筑设计有限公司
图 3-29	华汇工程建筑设计有限公司
图 3-30	南京长江都市建筑设计股份有限公司
图 3-31	山东省建筑设计研究院
图 3-32	天津大学建筑设计规划研究总院
图 3-33	中国建筑上海设计研究院有限公司
图 3-34、图 3-35、图 3-36、图 4-61、图 4-72	重庆大学建筑设计研究院有限公司
图 3-37	福建省建筑设计研究院
图 3-38	南京大学建筑规划设计研究院
图 3-39	上海建筑设计研究院有限公司

续表

编号	来源 / 设计单位
图 3-40	杨伟民，代文亮.浅析图书馆中庭防火分区性能化消防设计的复核 [J]. 消防技术与产品信息，2011，11:39-43.
图 3-41	中国建筑东北设计研究院有限公司
图 3-42	中国建筑西北设计研究院有限公司
图 3-43	中南建筑设计院股份有限公司
图 3-44	广州市设计院
图 4-28	浙江绿城建筑设计有限公司
图 4-29	中国台湾张文明建筑师事务所
图 4-30 、图 4-31	中国上海建筑设计研究有限公司
图 4-32	云南省设计院
图 4-33	中国香港华谊设计（深圳）顾问有限公司
图 4-49	万达商业规划研究院有限公司,北京东方国兴建筑设计有限公司,上海霍普建筑设计事务所有限公司
图 4-50	思邦建筑.福州五四北泰禾广场 [J]. 城市建筑，2014，06:106-113
图 4-51	日清建筑
图 4-52	http://www.mt-bbs.com/thread-91117-1-1.html
图 4-53	中国建筑设计研究院
图 4-54	南京长江都市建筑设计股份有限公司,美国 NBBJ（恩比建）建筑设计公司
图 4-55	哈尔滨工业大学建筑设计研究院
图 4-56	中国建筑标准设计研究院
图 4-57	山西省建筑设计研究院
图 4-58	中国建筑东北设计研究院有限公司
图 4-59	曼哈德·冯·格康，斯特凡·胥茨.青岛大剧院 [J]. 新建筑,2012，03:78-83.
图 4-60	东南大学建筑设计研究院
图 4-62	Jeff Walker. 苏州工业园区档案管理中心大厦设计 [J]. 建筑学报,2012，02:26-33.
图 4-63	广东省建筑设计研究院
图 4-64	http://www.ccbuild.com/portal.php?aid=584890&mod=view
图 4-65、图 4-80	北京市建筑设计研究院有限公司
图 4-66	中国建筑西北设计研究院有限公司
图 4-67	福建省建筑设计研究院
图 4-68	天津大学建筑设计研究院
图 4-70	天津大学建筑设计规划研究总院,德国 KSP 尤根·恩格尔建筑师事务所
图 4-71	中建国际（深圳）设计顾问有限公司
图 4-73	华东建筑设计研究院有限公司,法国 AREP 建筑公司
图 4-81	（日）三栖邦博.超高层办公楼 [M]. 北京：中国建筑工业出版社，2003.

续表

编号	来源 / 设计单位
图 4-82	奥雅纳工程顾问和华东建筑设计院
图 4-83	贝聿铭建筑师事务所
图 4-84	TFP, ARUP, 深圳华森建筑与工程设计顾问有限公司
图 4-85	SOM 建筑师事务所
图 4-86	KPF 事务所 ,CCDI Group（悉地国际）
图 4-88	Hiroshi Okamoto, Yoshiro Yashiro, Masaya Tachibana, Atsushi Katayama, Takumi Ishikawa, Shuji Kakegawa. 超高层建筑的消防设计 [C].1998 上海高层建筑消防安全国际学术研讨会论文集（英文版）:150-157.
图 4-89、图 4-90、图 4-91	杨得鑫，张庆顺，马跃峰 . 防火安全视角下的超高层建筑空间设计 [J]. 西部人居环境学刊，2016，03: 50-55.
图 5-10、图 6-1、图 6-2、图 6-3、图 6-5、图 6-9、图 6-10、图 6-11	《建筑设计防火规范》GB50016-2014.
图 5-12、图 5-20、图 5-21、图 5-22、图 5-2、图 5-33、图 5-34、图 5-3、图 5-36、图 5-37	中国建筑标准设计研究院，《防火建筑构造（一）》，图集号 07J905-1.
图 5-13	江英政，蒋亚强，徐洪涛.通风幕墙防火构造分析[J].墙材革新与建筑节能,2014,03:56 ~ 57.
图 5-15	江芙蓉，史英麒 . 浅谈建筑幕墙的防火 [J]. 门窗 ,2013,09:14 ~ 17.
图 5-16	李玉婷，刘培志 . 浅谈幕墙防火 [J]. 门窗 ,2012,10:51 ~ 54.
图 5-24	重庆市消防培训中心 . 建筑工程消防设计与施工 [Z]. 消防安全培训教材之三 .
图 5-26	变形缝建筑构造（一），图集号 04CJ01-1
图 5-28、图 5-29、图 5-31	《建筑钢结构防火技术规范》CECS200-2006.
图 5-30、图 5-32	张树平 . 建筑防火设计 [M]. 北京 : 中国建筑工业出版社，2001.
图 5-41	杨风雷 . 基于 CFD 模拟分析的建筑双层幕墙结构防火设计研究 [D]. 同济大学硕士论文 .
图 5-42	陈晓波 . 超高层建筑轻钢龙骨石膏板隔墙节点优化 [J]. 施工技术 ,2013,08（上）:17 ~ 19.
图 5-46	龙文志 . 吸取 TVCC 失火教训 加强外墙的防火是当务之急 [J]. 建筑节能 ,2009,04:1 ~ 6.
图 6-12、图 6-13	DG/TJ08-2059-2009 上海市工程建设技术规范；J11461-2009 轻型木结构建筑技术规程 .
图 6-14、图 6-15、图 6-20、图 6-21、图 6-22、图 6-23、图 6-24	《木结构建筑》，图集 14J924.
图 6-19	《木结构建筑设计规范》GB50005-2003.
图 8-1	黄莺 . 公共建筑火灾风险评估及安全管理方法研究 [D]. 西安建筑科技大学博士论文，2009.
图 8-2、图 8-3a	杜兰萍 . 基于性能化的大尺度公共建筑防火策略研究 [D]. 天津大学博士论文，2007.
图 8-3b	2008 年 ECADI 消防普及教材
图 8-4	AUBE（欧博设计）－ 深圳市欧博工程设计顾问有限公司

续表

编号	来源／设计单位
图 8-5	建研防火设计性能化评估中心有限公司.昆明滇池国际会展中心·消防性能化设计复核评估报告 [R].2014.
图 8-6	公安部上海消防研究所所属上海泰孚建筑安全咨询有限公司.世博主题馆消防性能化设计 [R].2008.

注：①所列出图片经过重绘、加绘或改绘。
　　②未列出图片均为作者自绘。

表格来源

编号	来源
表 1-2、表 2-1、表 2-2、表 2-3、表 2-4、表 2-5、表 3-1、表 4-2、表 4-3、表 4-4、表 4-7、表 4-12、表 4-13、表 4-14、表 4-16、表 4-17、表 4-18、表 4-19、表 4-20、表 5-2、表 5-8、表 5-9、表 5-10、表 5-11、表 5-13、表 6-2、表 6-3、表 6-4、表 6-5、表 7-1	《建筑设计防火规范》GB50016-2014
表 3-2	《汽车库、修车库、停车场设计防火规范》GB50067-2014
表 4-1	《建筑设计防火规范》GB50016-2014、《民用建筑设计通则》GB50352-2005
表 4-6	重庆市消防培训中心.建筑工程消防设计与施工 [Z].消防安全培训教材之三；张树平.建筑防火设计 [M].北京：中国建筑工业出版社，2001.
表 4-10、表 4-15	《建筑设计防火规范》GB50016-2014、《住宅设计规范》GB50096-2011.
表 4-11	《建筑设计防火规范》GB50016-2014、《汽车库、修车库、停车场设计防火规范》GB50067-2014
表 4-21	《汽车库、修车库、停车场设计防火规范》GB50067-2014、《车库建筑设计规范》JGJ100-2015
表 4-22、表 8-1	霍然，袁宏永.性能化建筑防火分析与设计 [M].合肥：安徽科学技术出版社，2003.
表 4-23	《体育建筑设计规范》JGJ31-2003
表 4-24	《剧场建筑设计规范》JGJ57-2016、《电影院建筑设计规范》JGJ58-2008
表 5-3	《住宅建筑规范》GB50368-2005
表 5-5、表 5-6、表 5-7	《建筑内部装修设计防火规范》GB50222-2017
表 5-12、表 5-14、表 7-2	《建筑设计防火规范》图示 13J811-1 改

注：①所列出表格为直接引用或经过整理。
　　②未列出表格均为作者自绘。

1. 中华人民共和国建设部，中华人民共和国国家质量监督检验检疫总局 .GB50413-2007 城市抗震防灾规划标准 [S]. 北京：中国计划出版社，2007.

2. 中华人民共和国公安部 .GB50016-2014 建筑设计防火规范 [S]. 北京：中国计划出版社，2015.

3. 中华人民共和国公安部 .GB50067-2014 汽车库、修车库、停车场设计防火规范 [S]. 北京：中国计划出版社，2015.

4. 中华人民共和国住房和城乡建设部 .JGJ100-2015 车库建筑设计规范 [S]. 北京：中国建筑工业出版社，2015.

5. 中华人民共和国住房和城乡建设部 . 中华人民共和国国家质量监督检验检疫总局 .GB50098-2009 人民防空工程设计防火规范 [S]. 北京：中国计划出版社，2009.

6. 中华人民共和国公安部 .GB50222-2017 建筑内部装修设计防火规范 [S]. 北京：中国计划出版社 .2018.

7. 国家人民防空办公室，中华人民共和国公安部主编 .GB50098-2009 人民防空工程设计防火规范 [S]. 北京：中国计划出版社，2009.

8. 中华人民共和国建设部 .GB50368-2005 住宅建筑规范 [S]. 北京：中国计划出版社，2005.

9. 中华人民共和国住房和城乡建设部 .GB50096-2011 住宅设计规范 [S]. 北京：中国计划出版社，2011.

10. 中华人民共和国住房和城乡建设部 .JGJ67-2016 剧场建筑设计规范 [S]. 北京：中国建筑工业出版社，2016.

11. 中华人民共和国建设部 .JGJ58-2008 电影院建筑设计规范 [S]. 北京：中国建筑工业出版社，2008.

12. 中华人民共和国建设部 .JGJ31-2003 体育建筑设计规范 [S]. 北京：中国建筑工业出版社，2003.

13. 同济大学，中国钢结构协会防火与防腐分会 .CECS200:2006 建筑钢结构防火技术规范 [S]. 北京：中国计划出版社，2005.

14. 重庆市公安局消防局，重庆市设计院 . 重庆市坡地高层民用建筑设计防火规范 [S]，DB50/5031-2004 重庆市地方标准，重庆市建设委员会，2004.

15. 中国建筑标准设计研究院 . 国家建筑标准设计图集 [Z]. 北京：中国计划出版社，2015.

16. 中国建筑标准设计研究院 . 汽车库、修车库、停车场设计防火规范 ,12J814 国家建筑标准设计图集 [Z]. 北京：中国计划出版社，2015.

17. 中国建筑标准设计研究院 .14J924 木结构建筑 [Z]. 北京：中国计划出版社，2014.

18. 朱向东，胡川晋 .《建筑设计防火规范》图解 [Z]. 北京：机械工业出版社，2015.

19. 章孝思 . 高层建筑防火安全设计 [M]. 成都：四川科技出版社，1989.

20. 霍然，袁宏永 . 性能化建筑防火分析与设计 [M]. 合肥：安徽科学技术出版社，2003.

21. 张树平 . 建筑防火设计 [M]. 北京：中国建筑工业出版社，2001.

22. 建筑设计资料集（第三版）：第 8 分册 建筑专题 [M]. 北京：中国建筑工业出版社，2017.

23. 建研防火设计性能化评估中心有限公司 . 昆明滇池国际会展中心·消防性能化设计复核评估报告 [R].2014.

24. 公安部上海消防研究所所属上海泰孚建筑安全咨询有限公司 . 世博主题馆消防性能化设计 [R].2008.

25. 蒋皓 . 浅析上海科技馆主楼消防设计 [J]. 消防科学与技术，2003.02:100-103.

26. 龙文志 . 吸取 TVCC 失火教训 加强外墙的防火是当务之急 [J]. 建筑节能，2009，06:1-6.

27. 倪阳，邓孟仁，林琳 . 大型公共建筑消防探讨——广州国际会议展览中心建筑消防设计简述 [J]. 建筑学报，2005，02:59-61.

28. 李玉婷，刘培志 . 浅谈幕墙防火 [J]. 门窗，2012，10:51-54.

29. 刘少丽 . 城市应急避难场所区位选择与空间布局——以南京市为例 [D]. 南京师范大学博士论文 .2012.

30. 黄莺 . 公共建筑火灾风险评估及安全管理方法研究 [D]. 西安建筑科技大学博士论文 .2009.

31. 杜兰萍 . 基于性能化的大尺度公共建筑防火策略研究 [D]. 天津大学博士论文 .2007.